江苏专转本考试大作战

高等数学

历年真题及解析

同方教育 主编

东南大学出版社
SOUTHEAST UNIVERSITY PRESS
·南京·

内容提要

本书是江苏省普通高校专转本选拔考试《高等数学》科目的真题与解析。书中收录了 2008 年至 2021 年的真题试卷,并对每道题都做出了详尽的解析。通过研读本书中的考试真题,考生可以总结归纳专转本选拔考试《高等数学》试卷的命题覆盖范围和考核重点及考试难度要求。通过本书中的试题解析,考生可以进一步掌握解题思路和方法,提高解题的规范性。

本书配套的小册子内容为江苏专转本《高等数学》考试中的高频题型及解题方法综述。小册子中所列举的题型,是培训专家在深入研究历年试卷的基础上,根据专转本《高等数学》科目的命题热点和命题思路、命题规律而梳理出来的常考、必考题型。解法综述详尽叙述了各类题型的解题方法。

认真阅读本书,有助于考生准确地把握复习方向和复习范围,抓住复习重点,在较短时间内有效提升《高等数学》课程的学业水平,有效提高考试成绩。

图书在版编目(CIP)数据

高等数学历年真题及解析 / 同方教育主编 . — 南京:东南大学出版社,2016.9(2021.7 重印)
  江苏专转本考试大作战
  ISBN 978 - 7 - 5641 - 6656 - 4

Ⅰ.①高… Ⅱ.①同… Ⅲ.①高等数学－成人高等教育－题解－升学参考资料 Ⅳ.①O13－44

中国版本图书馆 CIP 数据核字(2016)第 179299 号

高等数学历年真题及解析

Gaodeng Shuxue Linian Zhenti Ji Jiexi

出版发行	东南大学出版社
社　　址	南京市玄武区四牌楼 2 号(210096)
网　　址	http://www.seupress.com
出 版 人	江建中
责任编辑	张　煦
经　　销	全国各地新华书店
印　　刷	常州市武进第三印刷有限公司
开　　本	787mm×1092mm　1/16
印　　张	8.5
字　　数	212 千字
版　　次	2016 年 9 月第 1 版
印　　次	2021 年 7 月第 10 次印刷
书　　号	978 - 7 - 5641 - 6656 - 4
定　　价	37.80 元

东大版图书若有印装质量问题,请直接与营销部联系。电话(传真):025-83791830

丛书前言

随着社会的需求和市场竞争的日趋激烈,学历的门槛直接影响到学生的就业和未来的发展空间。作为广大高职和高专院校的在校生,就读于学习氛围更加浓厚、育人环境更为优良的本科高校,已成为他们当中大多数人心中的梦想和目标。而江苏"专转本"考试就为广大高职和高专院校的在校生提供了一个步入本科高校学习的途径。江苏"专转本"考试发展至今已有多年历史,因其选拔严格、学历过硬,被社会及广大考生誉为"第二次高考"。

为了帮助广大考生顺利通过江苏"专转本"考试,我们特组织专家、学者按各科最新大纲和考试要求编写了考试复习系列配套辅导教材——《江苏专转本考试大作战》丛书。本套辅导教材现包括《大学英语历年真题及解析》、《计算机基础历年真题及解析》、《大学语文历年真题分类精解》和《高等数学历年真题及解析》共计4册。其中每本书还附赠了一本小册子,小册子中的内容都是和考试相关的重要内容。

应邀参加教材编写工作的专家、学者,来自南京大学、东南大学、南京师范大学、南京航空航天大学、南京理工大学等多所省内著名重点大学。他们均长期从事江苏"专转本"考试的辅导工作,有着丰富的教学经验,熟悉考试大纲及考试重点、难点内容,熟悉命题要求和命题规律,深知考生的疑难与困惑。丛书作者把他们的教学经验进行了深化总结,并结合考生的实际情况加以细化、归纳和总结,整理成书,奉献给广大考生,旨在提高考生的考试通过率。

组织出版一套丛书,要求高、费力大,是一项系统工程。由于时间仓促,书中难免存在一些不足之处,我们诚恳地希望专家学者以及广大考生们为这套丛书通信息、出主意、提建议,当然也欢迎给以批判与匡正。请联系:025-86402828。

最后,再一次的衷心祝愿各位考生身体健康,学习进步,转本成功!

同方教育

二零一六年八月

注:此次修订,增补了2021年真题的相关解析,敬请读者留意。

目 录

江苏省 2008 年普通高校专转本统一考试试卷 ·············· 3
江苏省 2009 年普通高校专转本统一考试试卷 ·············· 7
江苏省 2010 年普通高校专转本统一考试试卷 ·············· 11
江苏省 2011 年普通高校专转本统一考试试卷 ·············· 15
江苏省 2012 年普通高校专转本选拔考试试卷 ·············· 19
江苏省 2013 年普通高校专转本选拔考试试卷 ·············· 23
江苏省 2014 年普通高校专转本选拔考试试卷 ·············· 27
江苏省 2015 年普通高校专转本选拔考试试卷 ·············· 31
江苏省 2016 年普通高校专转本选拔考试试卷 ·············· 35
江苏省 2017 年普通高校专转本选拔考试试卷 ·············· 39
江苏省 2018 年普通高校专转本选拔考试试卷 ·············· 43
江苏省 2019 年普通高校专转本选拔考试试卷 ·············· 47
江苏省 2020 年普通高校专转本选拔考试试卷 ·············· 51
江苏省 2021 年普通高校专转本选拔考试试卷 ·············· 55
答案解析(2008 年) ·············· 61
答案解析(2009 年) ·············· 65
答案解析(2010 年) ·············· 69
答案解析(2011 年) ·············· 73
答案解析(2012 年) ·············· 77
答案解析(2013 年) ·············· 82
答案解析(2014 年) ·············· 87
答案解析(2015 年) ·············· 91
答案解析(2016 年) ·············· 96
答案解析(2017 年) ·············· 100
答案解析(2018 年) ·············· 105
答案解析(2019 年) ·············· 111
答案解析(2020 年) ·············· 116
答案解析(2021 年) ·············· 122

历年真题
(2008~2021)

江苏省2008年普通高校专转本统一考试试卷

高等数学 试卷

注意事项:
1. 考生务必将密封线内的各项目及第2页右下角的座位号填写清楚。
2. 考生须用钢笔或圆珠笔将答案直接答在试卷上,答在草稿纸上无效。
3. 本试卷共五大题24小题,满分150分,考试时间120分钟。

得分	阅卷人	复查人

一、选择题(本大题共6小题,每小题4分,共24分,在每小题给出的4个选项中,只有一项是符合要求的,请把所选项前的字母填在题后的括号内)

1. 设函数 $f(x)$ 在 $(-\infty,\infty)$ 上有定义,则下列函数中必为奇函数的是　　　　(　　)
   A. $y=-|f(x)|$　　　　　　　　B. $y=x^3 f(x^4)$
   C. $y=-f(-x)$　　　　　　　　D. $y=f(x)+f(-x)$

2. 设函数 $f(x)$ 可导,则下列式子中正确的是　　　　(　　)
   A. $\lim\limits_{x \to 0} \dfrac{f(0)-f(x)}{x} = -f'(0)$
   B. $\lim\limits_{x \to 0} \dfrac{f(x_0+2x)-f(x_0)}{x} = f'(x_0)$
   C. $\lim\limits_{\Delta x \to 0} \dfrac{f(x_0+\Delta x)-f(x_0-\Delta x)}{\Delta x} = f'(x_0)$
   D. $\lim\limits_{\Delta x \to 0} \dfrac{f(x_0-\Delta x)-f(x_0+\Delta x)}{\Delta x} = 2f'(x_0)$

3. 设函数 $f(x) = \int_{2x}^{1} t^2 \sin t \, dt$,则 $f'(x) =$ 　　(　　)
   A. $4x^2 \sin 2x$　　B. $8x^2 \sin 2x$　　C. $-4x^2 \sin 2x$　　D. $-8x^2 \sin 2x$

4. 向量 $\boldsymbol{a}=(1,2,3), \boldsymbol{b}=(3,2,4)$,则 $\boldsymbol{a} \times \boldsymbol{b} =$ 　　(　　)
   A. $(2,5,4)$　　B. $(2,-5,-4)$　　C. $(2,5,-4)$　　D. $(-2,-5,4)$

5. 函数 $z=\ln\dfrac{y}{x}$ 在点 $(2,2)$ 处的全微分 dz 为　　(　　)
   A. $-\dfrac{1}{2}dx+\dfrac{1}{2}dy$　　B. $\dfrac{1}{2}dx+\dfrac{1}{2}dy$　　C. $\dfrac{1}{2}dx-\dfrac{1}{2}dy$　　D. $-\dfrac{1}{2}dx-\dfrac{1}{2}dy$

6. 微分方程 $y'' + 3y' + 2y = 1$ 的通解为 ( )

   A. $y = c_1 e^{-x} + c_2 e^{-2x} + 1$
   B. $y = c_1 e^{-x} + c_2 e^{-2x} + \dfrac{1}{2}$

   C. $y = c_1 e^x + c_2 e^{-2x} + 1$
   D. $y = c_1 e^x + c_2 e^{-2x} + \dfrac{1}{2}$

得分	阅卷人	复查人

二、**填空题**(本大题共 6 小题,每小题 4 分,满分 24 分)

7. 设函数 $f(x) = \dfrac{x^2 - 1}{|x|(x-1)}$,则其第一类间断点为_____.

8. 设函数 $f(x) = \begin{cases} a + x & x \geqslant 0 \\ \dfrac{\tan 3x}{x} & x \leqslant 0 \end{cases}$ 在点 $x = 0$ 处连续,则 $a =$ _____.

9. 已知曲线 $y = 2x^3 - 3x^2 + 4x + 5$,则其拐点为_____.

10. 设函数 $f(x)$ 的导数为 $\cos x$,且 $f(0) = \dfrac{1}{2}$,则不定积分 $\int f(x) \mathrm{d}x =$ _____.

11. 定积分 $\int_{-1}^{1} \dfrac{2 + \sin x}{1 + x^2} \mathrm{d}x$ 的值为_____.

12. 幂级数 $\sum\limits_{n=1}^{\infty} \dfrac{x^n}{n \cdot 2^n}$ 的收敛域为_____.

得分	阅卷人	复查人

三、**计算题**(本大题共 8 小题,每小题 8 分,满分 64 分)

13. 求极限 $\lim\limits_{x \to \infty} \left(\dfrac{x-2}{x} \right)^{3x}$.

14. 设函数 $y=y(x)$ 由参数方程 $\begin{cases} x=t-\sin t \\ y=1-\cos t \end{cases}$ $(t \neq 2n\pi, n \in \mathbf{Z})$ 所确定,求 $\dfrac{dy}{dx}, \dfrac{d^2y}{dx^2}$.

15. 求不定积分 $\displaystyle\int \dfrac{x^3}{x+1}dx$.

16. 求定积分 $\displaystyle\int_0^1 e^{\sqrt{x}}dx$.

17. 设平面 π 经过点 $A(2,0,0), B(0,3,0), C(0,0,5)$,求经过点 $P(1,2,1)$ 且与平面 π 垂直的直线方程.

18. 设函数 $z=f\left(x+y, \dfrac{y}{x}\right)$,其中 $f(x,y)$ 具有二阶连续偏导数,求 $\dfrac{\partial^2 z}{\partial x \partial y}$.

19. 计算二重积分 $\displaystyle\iint_D x^2 dxdy$,其中 D 是由曲线 $y=\dfrac{1}{x}$,直线 $y=x, x=2$ 及 $y=0$ 所围成的平面区域.

20. 求微分方程 $xy' = 2y + x^2$ 的通解.

四、综合题(本大题共 2 小题,每小题 10 分,满分 20 分)

21. 求曲线 $y = \dfrac{1}{x}(x > 0)$ 的切线,使其在两坐标轴上的截距之和最小,并求此最小值.

22. 设平面图形由曲线 $y = x^2, y = 2x^2$ 与直线 $x = 1$ 所围成.
　　(1) 求该平面图形绕 x 轴旋转一周所得的旋转体的体积;
　　(2) 求常数 a,使直线 $x = a$ 将该平面图形分成面积相等的两部分.

五、证明题(本大题共 2 小题,每小题 9 分,满分 18 分)

23. 设函数 $f(x)$ 在闭区间 $[0, 2a](a > 0)$ 上连续,且 $f(0) = f(2a) \neq f(a)$,证明:在开区间 $(0, a)$ 上至少存在一点 ξ,使得 $f(\xi) = f(\xi + a)$.

24. 对任意实数 x,证明不等式:$(1-x)e^x \leqslant 1$.

江苏省 2009 年普通高校专转本统一考试试卷

高等数学

注意事项:
1. 考生务必将密封线内的各项目及第 2 页右下角的座位号填写清楚。
2. 考生须用钢笔或圆珠笔将答案直接答在试卷上,答在草稿纸上无效。
3. 本试卷共五大题 24 小题,满分 150 分,考试时间 120 分钟。

题号	一	二	三	四	五	合计
分数						

评卷人	得分

一、选择题(本大题共 6 小题,每小题 4 分,共 24 分,在每小题给出的 4 个选项中,只有一项是符合要求的,请把所选项前的字母填在题后的括号内)

1. 已知 $\lim\limits_{x \to 2} \dfrac{x^2 + ax + b}{x - 2} = 3$,则常数 a, b 的取值为 (　　)

   A. $a = -1, b = -2$　　B. $a = -2, b = 0$　　C. $a = -1, b = 0$　　D. $a = -2, b = -1$

2. 已知函数 $f(x) = \dfrac{x^2 - 3x + 2}{x^2 - 4}$,则 $x = 2$ 为 $f(x)$ 的 (　　)

   A. 跳跃间断点　　B. 可去间断点　　C. 无穷间断点　　D. 振荡间断点

3. 设函数 $f(x) = \begin{cases} 0 & x \leqslant 0 \\ x^a \sin \dfrac{1}{x} & x > 0 \end{cases}$ 在 $x = 0$ 处可导,则常数 a 的取值范围为 (　　)

   A. $0 < a < 1$　　B. $0 < a \leqslant 1$　　C. $a > 1$　　D. $a \geqslant 1$

4. 曲线 $y = \dfrac{2x + 1}{(x - 1)^2}$ 的渐近线的条数为 (　　)

   A. 1　　B. 2　　C. 3　　D. 4

5. 设 $F(x) = \ln(3x + 1)$ 是函数 $f(x)$ 的一个原函数,则 $\displaystyle\int f'(2x + 1)\mathrm{d}x =$ (　　)

   A. $\dfrac{1}{6x + 4} + C$　　B. $\dfrac{3}{6x + 4} + C$　　C. $\dfrac{1}{12x + 8} + C$　　D. $\dfrac{3}{12x + 8} + C$

6. 设 a 为非零常数,则数项级数 $\sum_{n=1}^{\infty} \dfrac{n+a}{n^2}$ （　　）

　　A. 条件收敛　　　　　　　　B. 绝对收敛

　　C. 发散　　　　　　　　　　D. 敛散性与 a 有关

评卷人	得分

二、填空题(本大题共 6 小题,每小题 4 分,满分 24 分)

7. 已知 $\lim\limits_{x\to\infty}\left(\dfrac{x}{x-c}\right)^x = 2$,则常数 $c = $ ＿＿＿＿．

8. 设函数 $\varphi(x) = \int_0^{2x} t\,e^t\,dt$,则 $\varphi'(x) = $ ＿＿＿＿．

9. 已知向量 $\boldsymbol{a} = (1, 0, -1)$,$\boldsymbol{b} = (1, -2, 1)$,则 $\boldsymbol{a} + \boldsymbol{b}$ 与 $\boldsymbol{a}$ 的夹角为＿＿＿＿．

10. 设函数 $z = z(x, y)$ 由方程 $xz^2 + yz = 1$ 所确定,则 $\dfrac{\partial z}{\partial x} = $ ＿＿＿＿．

11. 幂级数 $\sum\limits_{n=1}^{\infty} \dfrac{a^n}{n^2} x^n \,(a > 0)$ 的收敛半径为 $\dfrac{1}{2}$,则常数 $a = $ ＿＿＿＿．

12. 微分方程 $(1+x^2)y\,dx - (2-y)x\,dy = 0$ 的通解为＿＿＿＿．

得分	阅卷人	复查人

三、计算题(本大题共 8 小题,每小题 8 分,满分 64 分)

13. 求极限 $\lim\limits_{x\to 0} \dfrac{x^3}{x - \sin x}$．

14. 设函数 $y = y(x)$ 由参数方程 $\begin{cases} x = \ln(1+t) \\ y = t^2 + 2t - 3 \end{cases}$ 所确定,求 $\dfrac{dy}{dx}$,$\dfrac{d^2 y}{dx^2}$．

15. 求不定积分 $\int \sin\sqrt{2x+1}\,\mathrm{d}x$.

16. 求定积分 $\int_0^1 \dfrac{x^2}{\sqrt{2-x^2}}\,\mathrm{d}x$.

17. 求通过直线 $\dfrac{x}{3}=\dfrac{y-1}{2}=\dfrac{z-2}{1}$ 且垂直于平面 $x+y+z+2=0$ 的平面方程.

18. 计算二重积分 $\iint\limits_{D} y\,\mathrm{d}x\,\mathrm{d}y$,其中 $D=\{(x,y)\mid 0\leqslant x\leqslant 2, x\leqslant y\leqslant 2, x^2+y^2\geqslant 2\}$.

19. 设函数 $z=f(\sin x, xy)$,其中 f 具有二阶连续偏导数,求 $\dfrac{\partial^2 z}{\partial x\partial y}$.

20. 求微分方程 $y''-y'=x$ 的通解.

四、综合题(本大题共 2 小题,每小题 10 分,满分 20 分)

21. 已知函数 $f(x)=x^3-3x+1$,试求:

    (1) 函数 $f(x)$ 的单调区间和极值;

    (2) 曲线 $y=f(x)$ 的凹凸区间与拐点;

    (3) 函数 $f(x)$ 在闭区间 $[-2,3]$ 上的最大值与最小值.

22. 设 D_1 是由抛物线 $y=2x^2$ 和直线 $x=a$,$y=0$ 所围成的平面区域,D_2 是由抛物线 $y=2x^2$ 和直线 $x=a$,$x=2$ 及 $y=0$ 所围成的平面区域,其中 $0<a<2$,试求:

    (1) D_1 绕 y 轴旋转所成的旋转体的体积 V_1,以及 D_2 绕 x 轴旋转所成的旋转体的体积 V_2;

    (2) 求常数 a,使得 D_1 的面积与 D_2 的面积相等.

五、证明题(本大题共 2 小题,每小题 9 分,满分 18 分)

23. 已知函数 $f(x)=\begin{cases} e^{-x} & x<0 \\ 1+x & x\geq 0 \end{cases}$,证明:函数 $f(x)$ 在点 $x=0$ 处连续但不可导.

24. 证明:当 $1<x<2$ 时,$4x\ln x > x^2+2x-3$.

江苏省2010年普通高校专转本统一考试试卷

高等数学 试卷

注意事项：
1. 考生务必将密封线内的各项目及第2页右下角的座位号填写清楚。
2. 考生须用钢笔或圆珠笔将答案直接答在试卷上，答在草稿纸上无效。
3. 本试卷共五大题24小题，满分150分，考试时间120分钟。

题号	一	二	三	四	五	合计
分数						

评卷人	得分

一、选择题(本大题共6小题，每小题4分，共24分，在每小题给出的4个选项中，只有一项是符合要求的，请把所选项前的字母填在题后的括号内)

1. 设当 $x \to 0$ 时，函数 $f(x) = x - \sin x$ 与 $g(x) = ax^n$ 是等价无穷小，则常数 a, n 的值为 ( )

   A. $a = \dfrac{1}{6}, n = 3$ B. $a = \dfrac{1}{3}, n = 3$

   C. $a = \dfrac{1}{12}, n = 4$ D. $a = \dfrac{1}{6}, n = 4$

2. 曲线 $y = \dfrac{x^2 - 3x + 4}{x^2 - 5x + 6}$ 的渐近线共有 ( )

   A. 1 条   B. 2 条   C. 3 条   D. 4 条

3. 设函数 $\Phi(x) = \int_{x^2}^{2} e^t \cos t \, dt$，则函数 $\Phi(x)$ 的导数 $\Phi'(x)$ 等于 ( )

   A. $2x e^{x^2} \cos x^2$ B. $-2x e^{x^2} \cos x^2$ C. $-2x e^x \cos x$ D. $-e^{x^2} \cos x^2$

4. 下列级数收敛的是 ( )

   A. $\sum\limits_{n=1}^{\infty} \dfrac{n}{n+1}$ B. $\sum\limits_{n=1}^{\infty} \dfrac{2n+1}{n^2+n}$

   C. $\sum\limits_{n=1}^{\infty} \dfrac{1+(-1)^n}{\sqrt{n}}$ D. $\sum\limits_{n=1}^{\infty} \dfrac{n^2}{2^n}$

5. 二次积分 $\int_0^1 dy \int_1^{y+1} f(x,y) dx$ 交换积分次序后得 （   ）

   A. $\int_0^1 dx \int_1^{x+1} f(x,y) dy$ 　　　　　　B. $\int_1^2 dx \int_0^{x-1} f(x,y) dy$

   C. $\int_1^2 dx \int_1^{x-1} f(x,y) dy$ 　　　　　　D. $\int_1^2 dx \int_{x-1}^1 f(x,y) dy$

6. 设 $f(x) = x^3 - 3x$，则在区间 $(0,1)$ 内 （   ）

   A. 函数 $f(x)$ 单调增加且其图形是凹的 　　　　B. 函数 $f(x)$ 单调增加且其图形是凸的

   C. 函数 $f(x)$ 单调减少且其图形是凹的 　　　　D. 函数 $f(x)$ 单调减少且其图形是凸的

评卷人	得分

二、填空题（本大题共 6 小题，每小题 4 分，满分 24 分）

7. $\lim\limits_{x \to \infty} \left(\dfrac{x+1}{x-1} \right)^x = $ _____.

8. 若 $f'(0) = 1$，则 $\lim\limits_{x \to 0} \dfrac{f(x) - f(-x)}{x} = $ _____.

9. 定积分 $\int_{-1}^1 \dfrac{x^3 + 1}{x^2 + 1} dx$ 的值为 _____.

10. 设 $\boldsymbol{a} = (1,2,3), \boldsymbol{b} = (2,5,k)$，若 $\boldsymbol{a}$ 与 $\boldsymbol{b}$ 垂直，则常数 $k = $ _____.

11. 设函数 $z = \ln\sqrt{x^2 + 4y}$，则 $dz \big|_{\substack{x=1 \\ y=0}} = $ _____.

12. 幂级数 $\sum\limits_{n=1}^{\infty} \dfrac{(-1)^n}{n} x^n$ 的收敛域为 _____.

评卷人	得分

三、计算题（本大题共 8 小题，每小题 8 分，满分 64 分）

13. 求极限 $\lim\limits_{x \to 0} \left(\dfrac{1}{x \tan x} - \dfrac{1}{x^2} \right)$.

14. 设函数 $y = y(x)$ 由方程 $y + e^{x+y} = 2x$ 所确定，求 $\dfrac{dy}{dx}, \dfrac{d^2 y}{dx^2}$.

15. 求不定积分 $\int x \arctan x \, dx$.

16. 计算定积分 $\int_0^4 \dfrac{x+3}{\sqrt{2x+1}} dx$.

17. 求通过点 $(1,1,1)$, 且与直线 $\begin{cases} x = 2+t \\ y = 3+2t \\ z = 5+3t \end{cases}$ 垂直, 又与平面 $2x-z-5=0$ 平行的直线的方程.

18. 设 $z = y^2 f(xy, e^x)$, 其中函数 f 具有二阶连续偏导数, 求 $\dfrac{\partial^2 z}{\partial x \partial y}$.

19. 计算二重积分 $\iint\limits_{D} x \, dx \, dy$, 其中 D 是由曲线 $x = \sqrt{1-y^2}$, 直线 $y = x$ 及 x 轴所围成的闭区域.

20. 已知函数 $y = e^x$ 和 $y = e^{-2x}$ 是二阶常系数齐次线性微分方程 $y'' + py' + qy = 0$ 的两个解, 试确定常数 p, q 的值, 并求微分方程 $y'' + py' + qy = e^x$ 的通解.

评卷人	得分

四、证明题(每小题9分,共18分)

21. 证明:当 $x > 1$ 时,$e^{x-1} > \frac{1}{2}x^2 + \frac{1}{2}$.

22. 设 $f(x) = \begin{cases} \dfrac{\varphi(x)}{x}, & x \neq 0, \\ 1, & x = 0, \end{cases}$ 其中函数 $\varphi(x)$ 在 $x=0$ 处具有二阶连续导数,且 $\varphi(0)=0$, $\varphi'(0)=1$,证明:函数 $f(x)$ 在 $x=0$ 处连续且可导.

评卷人	得分

五、综合题(每小题10分,共20分)

23. 设由抛物线 $y = x^2 (x \geq 0)$,直线 $y = a^2 (0 < a < 1)$ 与 y 轴所围成的平面图形绕 x 轴旋转一周所形成的旋转体的体积记为 $V_1(a)$,由抛物线 $y = x^2 (x \geq 0)$,直线 $y = a^2 (0 < a < 1)$ 与直线 $x = 1$ 所围成的平面图形绕 x 轴旋转一周所形成的旋转体的体积记为 $V_2(a)$,另 $V(a) = V_1(a) + V_2(a)$,试求常数 a 的值,使 $V(a)$ 取得最小值.

24. 设函数 $f(x)$ 满足方程 $f'(x) + f(x) = 2e^x$,且 $f(0) = 2$,记由曲线 $y = \dfrac{f'(x)}{f(x)}$ 与直线 $y = 1$,$x = t (t > 0)$ 及 y 轴所围平面图形的面积为 $A(t)$,试求 $\lim\limits_{t \to +\infty} A(t)$.

江苏省 2011 年普通高校专转本统一考试试卷

高等数学 试卷

注意事项：

1. 考生务必将密封线内的各项目及第 2 页右下角的座位号填写清楚。
2. 考生须用钢笔或圆珠笔将答案直接答在试卷上，答在草稿纸上无效。
3. 本试卷共五大题 24 小题，满分 150 分，考试时间 120 分钟。

题号	一	二	三	四	五	合计
分数						

评卷人	得分

一、选择题（本大题共 6 小题，每小题 4 分，共 24 分，在每小题给出的 4 个选项中，只有一项是符合要求的，请把所选项前的字母填在题后的括号内）

1. 当 $x \to 0$ 时，函数 $f(x) = e^x - x - 1$ 是函数 $g(x) = x^2$ 的 （　）
   A. 高阶无穷小　　B. 低阶无穷小　　C. 同阶无穷小　　D. 等价无穷小

2. 设函数 $f(x)$ 在点 x_0 处可导，且 $\lim\limits_{h \to 0} \dfrac{f(x_0 - h) - f(x_0 + h)}{h} = 4$，则 $f'(x_0) =$ （　）
   A. -4　　B. -2　　C. 2　　D. 4

3. 若点 $(1, -2)$ 是曲线 $y = ax^3 - bx^2$ 的拐点，则 （　）
   A. $a = 1, b = 3$　　B. $a = -3, b = -1$　　C. $a = -1, b = -3$　　D. $a = 4, b = 6$

4. 设 $z = f(x, y)$ 为由方程 $z^3 - 3yz + 3x = 8$ 所确定的函数，则 $\dfrac{\partial z}{\partial y}\bigg|_{\substack{x=0 \\ y=0}} =$ （　）
   A. $-\dfrac{1}{2}$　　B. $\dfrac{1}{2}$　　C. -2　　D. 2

5. 如果二重积分 $\iint\limits_{D} f(x,y) \mathrm{d}x \mathrm{d}y$ 可化为二次积分 $\int_0^1 \mathrm{d}y \int_{y+1}^2 f(x,y) \mathrm{d}x$，则积分域 D 可表示为 （　）
   A. $\{(x,y) \mid 0 \leqslant x \leqslant 1, x - 1 \leqslant y \leqslant 1\}$　　B. $\{(x,y) \mid 1 \leqslant x \leqslant 2, x - 1 \leqslant y \leqslant 1\}$
   C. $\{(x,y) \mid 0 \leqslant x \leqslant 1, x - 1 \leqslant y \leqslant 0\}$　　D. $\{(x,y) \mid 1 \leqslant x \leqslant 2, 0 \leqslant y \leqslant x - 1\}$

6. 若函数 $f(x)=\dfrac{1}{2+x}$ 的幂级数展开式为 $f(x)=\sum\limits_{n=0}^{\infty}a_n x^n (-2<x<2)$，则系数 $a_n=$ （　　）

A. $\dfrac{1}{2^n}$　　　　B. $\dfrac{1}{2^{n+1}}$　　　　C. $\dfrac{(-1)^n}{2^n}$　　　　D. $\dfrac{(-1)^n}{2^{n+1}}$

评卷人	得分

二、填空题（本大题共 6 小题，每小题 4 分，满分 24 分）

7. 已知 $\lim\limits_{x\to\infty}\left(\dfrac{x-2}{x}\right)^{kx}=e^2$，则 $k=$ ＿＿＿＿．

8. 设函数 $\varPhi(x)=\int_0^{x^2}\ln(1+t)\mathrm{d}t$，则 $\varPhi''(1)=$ ＿＿＿＿．

9. 若 $|\boldsymbol{a}|=1,|\boldsymbol{b}|=4,\boldsymbol{a}\cdot\boldsymbol{b}=2$，则 $|\boldsymbol{a}\times\boldsymbol{b}|=$ ＿＿＿＿．

10. 设函数 $y=\arctan\sqrt{x}$，则 $\mathrm{d}y|_{x=1}=$ ＿＿＿＿．

11. 定积分 $\int_{-\frac{\pi}{2}}^{\frac{\pi}{2}}(x^3+1)\sin^2 x\,\mathrm{d}x$ 的值为 ＿＿＿＿．

12. 幂级数 $\sum\limits_{n=0}^{\infty}\dfrac{x^n}{\sqrt{n+1}}$ 的收敛域为 ＿＿＿＿．

评卷人	得分

三、计算题（本大题共 8 小题，每小题 8 分，满分 64 分）

13. 求极限 $\lim\limits_{x\to 0}\dfrac{(e^x-e^{-x})^2}{\ln(1+x^2)}$．

14. 设函数 $y=y(x)$ 由参数方程 $\begin{cases}x=t^2+t\\ e^y+y=t^2\end{cases}$ 所确定，求 $\dfrac{\mathrm{d}y}{\mathrm{d}x}$．

15. 设 $f(x)$ 的一个原函数为 $x^2\sin x$，求不定积分 $\displaystyle\int \frac{f(x)}{x}\mathrm{d}x$.

16. 计算定积分 $\displaystyle\int_0^3 \frac{x}{1+\sqrt{x+1}}\mathrm{d}x$.

17. 求通过 x 轴与直线 $\dfrac{x}{2}=\dfrac{y}{3}=\dfrac{z}{1}$ 的平面方程.

18. 设 $z=xf\left(\dfrac{y}{x},y\right)$，其中函数 f 具有二阶连续偏导数，求 $\dfrac{\partial^2 z}{\partial x\partial y}$.

19. 计算二重积分 $\displaystyle\iint_D y\,\mathrm{d}x\mathrm{d}y$，其中 D 是由曲线 $y=\sqrt{2-x^2}$，直线 $y=-x$ 及 y 轴所围成的平面闭区域.

20. 已知函数 $y=(x+1)e^x$ 是一阶线性微分方程 $y'+2y=f(x)$ 的解，求二阶常系数线性微分方程 $y''+3y'+2y=f(x)$ 的通解.

四、证明题(每小题9分,共18分)

21. 证明:方程 $x\ln(1+x^2)=2$ 有且仅有一个小于2的正实根.

22. 证明:当 $x>0$ 时, $x^{2011}+2010 \geqslant 2011x$.

五、综合题(每小题10分,共20分)

23. 设 $f(x)=\begin{cases} \dfrac{e^{ax}-x^2-ax-1}{x\arctan x} & x<0 \\ 1 & x=0 \\ \dfrac{e^{ax}-1}{\sin 2x} & x>0 \end{cases}$,问常数 a 为何值时,

    (1) $x=0$ 是函数 $f(x)$ 的连续点?
    (2) $x=0$ 是函数 $f(x)$ 的可去间断点?
    (3) $x=0$ 是函数 $f(x)$ 的跳跃间断点?

24. 设函数 $f(x)$ 满足微分方程 $xf'(x)-2f(x)=-(a+1)x$(其中 a 为正常数),且 $f(1)=1$,由曲线 $y=f(x)(x\leqslant 1)$ 与直线 $x=1,y=0$ 所围成的平面图形记为 D. 已知 D 的面积为 $\dfrac{2}{3}$.

    (1) 求函数 $f(x)$ 的表达式;
    (2) 求平面图形 D 绕 x 轴旋转一周所形成的旋转体的体积 V_x;
    (3) 求平面图形 D 绕 y 轴旋转一周所形成的旋转体的体积 V_y.

江苏省2012年普通高校专转本选拔考试试卷

高等数学　试题卷(二年级)

注意事项:
1. 本试卷分为试题卷和答题卡两部分。全卷满分150分,考试时间120分钟。
2. 必须在答题卡上作答,作答到试题卷上无效。作答前务必将自己的姓名和准考证号准确清晰地填写在试题卷和答题卡上的指定位置。
3. 考试结束时,需将试题卷和答题卡一并交回。

一、单项选择题(本大题共6小题,每小题4分,共24分,在下列每小题中,选出一个正确答案,请在答题卡上将所选的字母标号涂黑)

1. 极限 $\lim\limits_{x\to\infty}\left(2x\sin\dfrac{1}{x}+\dfrac{\sin 3x}{x}\right)=$ (　　)
   A. 0　　　　　　B. 2　　　　　　C. 3　　　　　　D. 5

2. 设 $f(x)=\dfrac{(x-2)\sin x}{|x|(x^2-4)}$,则函数 $f(x)$ 的第一类间断点的个数为 (　　)
   A. 0　　　　　　B. 1　　　　　　C. 2　　　　　　D. 3

3. $f(x)=2x^{\frac{5}{3}}-5x^{\frac{2}{3}}$,则函数 $f(x)$ (　　)
   A. 只有一个极大值　　　　　　　　B. 只有一个极小值
   C. 既有极大值又有极小值　　　　　D. 没有极值

4. 函数 $z=\ln(2x)+\dfrac{3}{y}$ 在点 $(1,1)$ 处的全微分为 (　　)
   A. $dx-3dy$　　　　　　　　　　　B. $dx+3dy$
   C. $\dfrac{1}{2}dx+3dy$　　　　　　D. $\dfrac{1}{2}dx-3dy$

5. 二次积分 $\int_0^1 dy\int_y^1 f(x,y)dx$ 在极坐标系下可化为 (　　)
   A. $\int_0^{\frac{\pi}{4}}d\theta\int_0^{\sec\theta} f(\rho\cos\theta,\rho\sin\theta)d\rho$
   B. $\int_0^{\frac{\pi}{4}}d\theta\int_0^{\sec\theta} f(\rho\cos\theta,\rho\sin\theta)\rho d\rho$
   C. $\int_{\frac{\pi}{4}}^{\frac{\pi}{2}}d\theta\int_0^{\csc\theta} f(\rho\cos\theta,\rho\sin\theta)d\rho$
   D. $\int_{\frac{\pi}{4}}^{\frac{\pi}{2}}d\theta\int_0^{\csc\theta} f(\rho\cos\theta,\rho\sin\theta)\rho d\rho$

6. 下列级数中条件收敛的是 ( )

　A. $\sum\limits_{n=1}^{\infty}(-1)^n\dfrac{n}{2n+1}$　　B. $\sum\limits_{n=1}^{\infty}(-1)^n\left(\dfrac{3}{2}\right)^n$　　C. $\sum\limits_{n=1}^{\infty}\dfrac{(-1)^n}{n^2}$　　D. $\sum\limits_{n=1}^{\infty}\dfrac{(-1)^n}{\sqrt{n}}$

二、填空题(本大题共 6 小题,每小题 4 分,共 24 分)

7. 要使函数 $f(x)=(1-2x)^{\frac{2}{x}}$ 在点 $x=0$ 处连续,则应补充定义 $f(0)=$ _____.

8. 设函数 $y=x(x^3+2x+1)^2+\mathrm{e}^{2x}$,则 $y^{(7)}(0)=$ _____.

9. 设 $y=x^x(x>0)$,则函数 y 的微分 $\mathrm{d}y=$ _____.

10. 设向量 $\boldsymbol{a},\boldsymbol{b}$ 互相垂直,且 $|\boldsymbol{a}|=3,|\boldsymbol{b}|=2$,则 $|\boldsymbol{a}+2\boldsymbol{b}|=$ _____.

11. 设反常积分 $\int_{a}^{+\infty}\mathrm{e}^{-x}\mathrm{d}x=\dfrac{1}{2}$,则常数 $a=$ _____.

12. 幂级数 $\sum\limits_{n=1}^{\infty}\dfrac{(-1)^n}{n\cdot 3^n}(x-3)^n$ 的收敛域为 _____.

三、计算题(本大题共 8 小题,每小题 8 分,共 64 分)

13. 求极限 $\lim\limits_{x\to 0}\dfrac{x^2+2\cos x-2}{x^3\ln(1+x)}$.

14. 设函数 $y=y(x)$ 由参数方程 $\begin{cases}x=t-\dfrac{1}{t}\\y=t^2+2\ln t\end{cases}$ 所确定,求 $\dfrac{\mathrm{d}y}{\mathrm{d}x},\dfrac{\mathrm{d}^2y}{\mathrm{d}x^2}$.

15. 求不定积分 $\displaystyle\int\dfrac{2x+1}{\cos^2 x}\mathrm{d}x$.

16. 计算定积分 $\displaystyle\int_{1}^{2}\dfrac{1}{x\sqrt{2x-1}}\mathrm{d}x$.

17. 已知平面 Π 通过点 $M(1,2,3)$ 与 x 轴,求通过点 $N(1,1,1)$ 且与平面 Π 平行,又与 x 轴垂直的直线方程.

18. 设函数 $z=f(x,xy)+\varphi(x^2+y^2)$,其中函数 f 具有二阶连续偏导数,函数 φ 具有二阶连续导数,求 $\dfrac{\partial^2 z}{\partial x \partial y}$.

19. 已知函数 $f(x)$ 的一个原函数为 xe^x,求微分方程 $y''+4y'+4y=f(x)$ 的通解.

20. 计算二重积分 $\iint\limits_{D} y \mathrm{d}x \mathrm{d}y$,其中 D 是由曲线 $y=\sqrt{x-1}$,直线 $y=\dfrac{1}{2}x$ 及 x 轴所围成的平面闭区域.

四、综合题(本大题共 2 小题,每小题 10 分,共 20 分)

21. 在抛物线 $y=x^2(x>0)$ 上求一点 P,使该抛物线与其在点 P 处的切线及 x 轴所围平面图形的面积为 $\dfrac{2}{3}$,并求该平面图形绕 x 轴旋转一周所形成的旋转体的体积.

22. 已知定义在$(-\infty,+\infty)$上的可导函数$f(x)$满足方程$xf(x)-4\int_1^x f(t)=x^3-3$

试求：

(1) 函数$f(x)$的表达式；

(2) 函数$f(x)$的单调区间与极值；

(3) 曲线$y=f(x)$的凹凸区间与拐点.

五、证明题(本大题共2小题,每小题9分,共18分)

23. 证明：当$0<x<1$时，$\arcsin x > x + \dfrac{1}{6}x^3$.

24. 设$f(x)=\begin{cases}\dfrac{\int_0^x g(t)\mathrm{d}t}{x^2} & x\neq 0 \\ g(0) & x=0\end{cases}$，其中函数$g(x)$在$(-\infty,+\infty)$上连续，且$\lim\limits_{x\to 0}\dfrac{g(x)}{1-\cos x}=3$，

证明：函数$f(x)$在$x=0$处可导，且$f'(0)=\dfrac{1}{2}$.

绝密★启用前

江苏省 2013 年普通高校专转本选拔考试试卷

高等数学　试题卷(二年级)

注意事项：
1. 本试卷分为试题卷和答题卡两部分。全卷满分 150 分，考试时间 120 分钟。
2. 必须在答题卡上作答，作答到试题卷上无效。作答前务必将自己的姓名和准考证号准确清晰地填写在试题卷和答题卡上的指定位置。
3. 考试结束时，需将试题卷和答题卡一并交回。

一、单项选择题(本大题共 6 小题，每小题 4 分，共 24 分，在下列每小题中，选出一个正确答案，请在答题卡上将所选的字母标号涂黑)

1. 当 $x \to 0$ 时，函数 $f(x) = \ln(1+x) - x$ 是函数 $g(x) = x^2$ 的　　　　　　　　(　　)
   A. 高阶无穷小　　　　　　　　　　　B. 低阶无穷小
   C. 同阶无穷小　　　　　　　　　　　D. 等价无穷小

2. 曲线 $y = \dfrac{2x^2 + x}{x^2 - 3x + 2}$ 的渐近线共有　　　　　条　　　　　　(　　)
   A. 1　　　　　　B. 2　　　　　　C. 3　　　　　　D. 4

3. 设函数 $f(x) = \begin{cases} \dfrac{\sin 2x}{x} & x < 0 \\ \dfrac{x}{\sqrt{1+x}-1} & x > 0 \end{cases}$，则 $x = 0$ 是函数 $f(x)$ 的　(　　)
   A. 跳跃间断点　　　　　　　　　　　B. 可去间断点
   C. 无穷间断点　　　　　　　　　　　D. 连续点

4. 设 $y = f\left(\dfrac{1}{x}\right)$，其中 f 具有二阶导数，则 $\dfrac{d^2 y}{dx^2} =$　　　　(　　)
   A. $-\dfrac{1}{x^2} f''\left(\dfrac{1}{x}\right) + \dfrac{2}{x} f'\left(\dfrac{1}{x}\right)$　　　　B. $\dfrac{1}{x^4} f''\left(\dfrac{1}{x}\right) + \dfrac{2}{x^3} f'\left(\dfrac{1}{x}\right)$
   C. $-\dfrac{1}{x^2} f''\left(\dfrac{1}{x}\right) - \dfrac{2}{x} f'\left(\dfrac{1}{x}\right)$　　　　D. $\dfrac{1}{x^4} f''\left(\dfrac{1}{x}\right) - \dfrac{2}{x^3} f'\left(\dfrac{1}{x}\right)$

5. 下列级数中收敛的是　　　　　　　　　　　　　　　　　　　　　　　(　　)
   A. $\displaystyle\sum_{n=1}^{\infty} \dfrac{n+1}{n^2}$　　B. $\displaystyle\sum_{n=1}^{\infty} \left(\dfrac{n}{n+1}\right)^n$　　C. $\displaystyle\sum_{n=1}^{+\infty} \dfrac{n!}{3^n}$　　D. $\displaystyle\sum_{n=1}^{+\infty} \dfrac{\sqrt{n}}{3^n}$

6. 设函数 $f(x)$ 在 $x=1$ 处连续，且 $\lim\limits_{x\to 1}\dfrac{f(x)}{x^2-1}=\dfrac{1}{2}$，则曲线 $y=f(x)$ 在 $(1,f(1))$ 处的切线方程为 (　　)

　　A. $y=x-1$　　　B. $y=2x-2$　　　C. $y=3x-3$　　　D. $y=4x-4$

二、填空题（本大题共 6 小题，每小题 4 分，共 24 分）

7. 已知函数 $f(x)=\begin{cases} x\sin\dfrac{1}{x} & x\neq 0 \\ a & x=0 \end{cases}$ 在 $x=0$ 处连续，则常数 $a=$ ＿＿＿＿．

8. 已知空间三点，$A(1,1,1),B(2,3,4),C(3,4,5)$，则 $\triangle ABC$ 的面积为＿＿＿＿．

9. 设 $y=y(x)$ 由参数方程 $\begin{cases} x=t^3+1 \\ y=t^2-1 \end{cases}$ 确定，则 $\dfrac{d^2y}{dx^2}=$ ＿＿＿＿．

10. 设 $\lim\limits_{x\to 0}\left(\dfrac{a+x}{a-x}\right)^{\frac{1}{x}}=e$，则 $a=$ ＿＿＿＿．

11. 微分方程 $\dfrac{dy}{dx}=\dfrac{x+y}{x}$ 的通解为＿＿＿＿．

12. 幂级数 $\sum\limits_{n=1}^{\infty}\dfrac{2^n}{\sqrt{n}}x^n$ 的收敛域为＿＿＿＿．

三、计算题（本大题共 8 小题，每小题 8 分，共 64 分）

13. 求极限 $\lim\limits_{x\to 0}\left[\dfrac{e^x}{\ln(x+1)}-\dfrac{1}{x}\right]$．

14. 设函数 $z=z(x,y)$ 由方程 $z^3-3xy-3z=1$ 所确定，求 dz 及 $\dfrac{\partial^2 z}{\partial x^2}$．

15. 求不定积分 $\int x^2\cos 2x\,dx$．

16. 计算积分 $\int_0^2 \dfrac{\mathrm{d}x}{2+\sqrt{4-x^2}}$.

17. 设 $z=f(x^2,\mathrm{e}^{2x+3y})$，其中 f 具有二阶连续偏导数，求 $\dfrac{\partial^2 z}{\partial y \partial x}$.

18. 已知直线 $\begin{cases} x-y+z-1=0 \\ x-3y-z+3=0 \end{cases}$ 在平面 π 上，又已知直线 $\begin{cases} x=2-3t \\ y=1+t \\ z=3+2t \end{cases}$ 与平面 π 平行，求平面 π 的方程.

19. 设函数 $f(x)$ 是一阶微分方程 $\dfrac{\mathrm{d}y}{\mathrm{d}x}=y$ 满足 $y(0)=1$ 的特解，求二阶常系数线性微分方程 $y''-3y'+2y=f(x)$ 的通解.

20. 计算二重积分 $\iint\limits_D x\,\mathrm{d}x\,\mathrm{d}y$，其中 D 是由 $y=\sqrt{4-x^2}\,(x>0)$ 及三条直线 $y=x$，$x=3$，$y=0$ 所围成的平面闭区域.

四、综合题(本大题共2小题,每小题10分,共20分)

21. 设平面区域 D 由曲线 $x=2\sqrt{y}$ 和 $y=\sqrt{-x}$ 及直线 $y=1$ 所围成,求:
    (1) 平面区域 D 的面积;
    (2) 平面区域 D 绕 x 轴一周所得旋转体体积.

22. 设 $F(x)=\int_0^{x^2}(9t^{\frac{1}{3}}-5t^{\frac{1}{2}})\,\mathrm{d}t$ 是 $f(x)$ 的一个原函数,求曲线 $y=f(x)$ 的凹凸区间,拐点.

五、证明题(本大题共2小题,每小题9分,共18分)

23. 证明:当 $x>1$ 时,$(1+\ln x)^2<2x-1$.

24. 设 $f(x)$ 是 $[a,b]$ 上的连续函数,证明:$\int_a^b f(x)\,\mathrm{d}x=\int_a^{\frac{a+b}{2}}[f(x)+f(a+b-x)]\,\mathrm{d}x$.

江苏省 2014 年普通高校专转本选拔考试试卷

高等数学 试卷

注意事项：
1. 本试卷分为试题卷和答题卡两部分。全卷满分 150 分，考试时间 120 分钟。
2. 必须在答题卡上作答，作答在试题卷上无效，作答前务必将自己的姓名和准考证号准确清晰地填写在试题卷和答题卡上的指定位置。
3. 考试结束时，请将试题卷和答题卡一并交回。

一、选择题（本大题共 6 小题，每小题 4 分，共 24 分，在下列每小题中，选出一个正确答案，请在答题卡上将所选项的字母标号涂黑）

1. 若 $x=1$ 是函数 $f(x)=\dfrac{x^2-4x+a}{x^2-3x+2}$ 的可去间断点，则 $a=$ （　　）

   A. 1　　　B. 2　　　C. 3　　　D. 4

2. 曲线 $y=x^4-2x^3$ 的凸区间为 （　　）

   A. $(-\infty,0],[1,+\infty)$　　　B. $[0,1]$

   C. $\left(-\infty,\dfrac{3}{2}\right]$　　　D. $\left[\dfrac{3}{2},+\infty\right)$

3. 若函数 $f(x)$ 的一个原函数为 $x\sin x$，则 $\int f''(x)\mathrm{d}x=$ （　　）

   A. $x\sin x+C$　　　B. $2\cos x-x\sin x+C$

   C. $\sin x-x\cos x+C$　　　D. $\sin x+x\cos x+C$

4. 已知函数 $z=z(x,y)$ 由方程 $z^3-3xyz+x^3-2=0$ 所确定，则 $\left.\dfrac{\partial z}{\partial x}\right|_{\substack{x=1\\y=0}}=$ （　　）

   A. -1　　　B. 0　　　C. 1　　　D. 2

5. 二次积分 $\int_1^2 \mathrm{d}x\int_0^{2-x} f(x,y)\mathrm{d}y$ 交换积分次序后得 （　　）

   A. $\int_1^2 \mathrm{d}y\int_0^{2-y} f(x,y)\mathrm{d}x$　　　B. $\int_0^1 \mathrm{d}y\int_1^{2-y} f(x,y)\mathrm{d}x$

   C. $\int_0^1 \mathrm{d}y\int_2^{2-y} f(x,y)\mathrm{d}x$　　　D. $\int_0^1 \mathrm{d}y\int_1^{2-y} f(x,y)\mathrm{d}x$

6. 下列级数发散的是 （　　）

   A. $\sum\limits_{n=1}^{\infty}\dfrac{(-1)^n}{\sqrt{n}}$　　B. $\sum\limits_{n=1}^{\infty}\dfrac{\sin n}{n^2}$　　C. $\sum\limits_{n=1}^{\infty}\left(\dfrac{1}{2^n}+\dfrac{1}{n^2}\right)$　　D. $\sum\limits_{n=1}^{\infty}\dfrac{2^n}{n^2}$

二、填空题(本大题共 6 小题,每小题 4 分,共 24 分)

7. 曲线 $y = \left(1 - \dfrac{2}{x}\right)^x$ 的水平渐近线方程为_____.

8. 设函数 $f(x) = ax^3 - 9x^2 + 12x$ 在 $x=2$ 处取得极小值,则 $f(x)$ 的极大值为_____.

9. 定积分 $\displaystyle\int_{-1}^{1} (x^3 + 1)\sqrt{1-x^2}\, dx = $ _____.

10. 函数 $z = \arctan \dfrac{y}{x}$ 的全微分 $dz = $ _____.

11. 设向量 $\boldsymbol{a} = (1,2,1), \boldsymbol{b} = (1,0,-1)$,则向量 $\boldsymbol{a}+\boldsymbol{b}$ 与 $\boldsymbol{a}-\boldsymbol{b}$ 的夹角为_____.

12. 幂级数 $\displaystyle\sum_{n=1}^{\infty} \dfrac{(x-1)^n}{\sqrt{n}}$ 的收敛域为_____.

三、计算题(本大题共 8 小题,每小题 8 分,共 64 分)

13. 求极限 $\displaystyle\lim_{x \to 0}\left(\dfrac{1}{x\arcsin x} - \dfrac{1}{x^2}\right)$.

14. 设函数 $y = f(x)$ 由参数方程 $\begin{cases} x = (t+1)e^{2t} \\ e^y + ty = e \end{cases}$ 所确定,求 $\left.\dfrac{dy}{dx}\right|_{t=0}$.

15. 求不定积分 $\displaystyle\int x\ln^2 x\, dx$.

16. 计算定积分 $\int_{\frac{1}{2}}^{\frac{5}{2}} \dfrac{\sqrt{2x-1}}{2x+3} \mathrm{d}x$.

17. 求平行于 x 轴且通过两点 $M(1,1,1)$ 与 $N(2,3,4)$ 的平面方程.

18. 设 $z = f(\sin x, x^2 - y^2)$,其中函数 f 有二阶连续偏导数,求 $\dfrac{\partial^2 z}{\partial x \partial y}$.

19. 计算二重积分 $\iint\limits_{D}(x+y)\mathrm{d}x\mathrm{d}y$,其中 D 是由三直线 $y=-x, y=1, x=0$ 所围成的平面闭区域.

20. 求微分方程 $y'' - 2y' = x\mathrm{e}^{2x}$ 的通解.

四、证明题(本大题共 2 小题,每小题 9 分,共 18 分)

21. 证明:方程 $x\ln x = 3$ 在区间 $[2,3]$ 内有且仅有一个实根.

22. 证明:当 $x > 0$ 时,$e^x - 1 > \dfrac{1}{2}x^2 + \ln(x+1)$.

五、综合题(本大题共 2 小题,每小题 10 分,共 20 分)

23. 设平面图形 D 由抛物线 $y = 1 - x^2$ 及在点 $(1,0)$ 处的切线以及 y 轴所围成,试求:
    (1) 平面图形 D 的面积;
    (2) 平面图形 D 绕 y 轴旋转一周所形成的旋转体的体积.

24. 设 $\varphi(x)$ 是定义在 $(-\infty, +\infty)$ 上的连续函数,且满足方程 $\displaystyle\int_0^x t\varphi(t)\mathrm{d}t = 1 - \varphi(x)$.
    (1) 求函数 $\varphi(x)$ 的解析式;
    (2) 讨论函数 $f(x) = \begin{cases} \dfrac{\varphi(x)-1}{x^2}, & x \neq 0 \\ -\dfrac{1}{2}, & x = 0 \end{cases}$ 在 $x = 0$ 处的连续性与可导性.

江苏省 2015 年普通高校专转本选拔考试试卷

高等数学 试卷

注意事项：

1. 本试卷分为试题卷和答题卡两部分。全卷满分 150 分，考试时间 120 分钟。
2. 必须在答题卡上作答，作答在试题卷上无效，作答前务必将自己的姓名和准考证号准确清晰地填写在试题卷和答题卡上的指定位置。
3. 考试结束时，请将试题卷和答题卡一并交回。

一、选择题（本大题共 6 小题，每小题 4 分，共 24 分，在下列每小题中，选出一个正确答案，请在答题卡上将所选项的字母标号涂黑）

1. 当 $x \to 0$ 时，函数 $f(x) = 1 - e^{\sin x}$ 是函数 $g(x) = x$ 的 （ ）
   A. 高阶无穷小　　　B. 低阶无穷小　　　C. 同阶无穷小　　　D. 等价无穷小

2. 函数 $y = (1-x)^x (x < 1)$ 的微分 dy 为 （ ）
   A. $(1-x)^x \left[\ln(1-x) + \dfrac{x}{1-x} \right] dx$　　　B. $(1-x)^x \left[\ln(1-x) - \dfrac{x}{1-x} \right] dx$
   C. $x(1-x)^{x-1} dx$　　　D. $-x(1-x)^{x-1} dx$

3. $x = 0$ 是函数 $f(x) = \begin{cases} \dfrac{e^{\frac{1}{x}} + 1}{e^{\frac{1}{x}} - 1} & x \neq 0 \\ 1 & x = 0 \end{cases}$ 的 （ ）

   A. 无穷间断点　　　　　　　　　　　B. 跳跃间断点
   C. 可去间断点　　　　　　　　　　　D. 连续点

4. 设 $F(x)$ 是函数 $f(x)$ 的一个原函数，则 $\int f(3-2x) dx =$ （ ）
   A. $-\dfrac{1}{2} F(3-2x) + C$　　　B. $\dfrac{1}{2} F(3-2x) + C$
   C. $-2F(3-2x) + C$　　　D. $2F(3-2x) + C$

5. 下列级数条件收敛的是 （ ）
   A. $\sum\limits_{n=1}^{\infty} \dfrac{(-1)^n - n}{n^2}$　　　B. $\sum\limits_{n=1}^{\infty} (-1)^n \dfrac{n+1}{2n-1}$
   C. $\sum\limits_{n=1}^{\infty} (-1)^n \dfrac{n!}{n^n}$　　　D. $\sum\limits_{n=1}^{\infty} (-1)^n \dfrac{n+1}{n^2}$

6. 二次积分 $\int_1^e dy \int_{\ln y}^1 f(x,y)dx =$ ( )

   A. $\int_1^e dx \int_{\ln x}^1 f(x,y)dy$ B. $\int_0^1 dx \int_{e^x}^1 f(x,y)dy$

   C. $\int_0^1 dx \int_0^{e^x} f(x,y)dy$ D. $\int_0^1 dx \int_1^{e^x} f(x,y)dy$

二、填空题(本大题共 6 小题,每小题 4 分,共 24 分)

7. 设 $f(x) = \lim\limits_{n\to\infty}\left(1-\dfrac{x}{n}\right)^n$,则 $f(\ln 2) = $ _____.

8. 曲线 $\begin{cases} x = t^3 - 2t + 1 \\ y = t^3 + 1 \end{cases}$ 在点 $(0,2)$ 处的切线方程为 _____.

9. 设向量 $\boldsymbol{b}$ 与向量 $\boldsymbol{a} = (1, -2, -1)$ 平行,且 $\boldsymbol{a} \cdot \boldsymbol{b} = 12$,则 $\boldsymbol{b} = $ _____.

10. 设 $f(x) = \dfrac{1}{2x+1}$,则 $f^{(n)}(x) = $ _____.

11. 微分方程 $xy' - y = x^2$ 满足初始条件 $y\big|_{x=1} = 2$ 的特解为 _____.

12. 幂级数 $\sum\limits_{n=1}^{\infty} \dfrac{2^n}{\sqrt{n}}(x-1)^n$ 的收敛域为 _____.

三、计算题(本大题共 8 小题,每小题 8 分,共 64 分)

13. 求极限 $\lim\limits_{x\to 0} \dfrac{\int_0^x t\arcsin t\,dt}{2e^x - x^2 - 2x - 2}$.

14. 设 $f(x) = \begin{cases} \dfrac{x - \sin x}{x^2} & x \neq 0 \\ 0 & x = 0 \end{cases}$,求 $f'(x)$.

15. 求通过直线 $\dfrac{x+1}{2} = \dfrac{y-1}{1} = \dfrac{z+2}{5}$ 与平面 $3x + 3y + z - 12 = 0$ 的交点,且与直线 $\begin{cases} x - y + 2z + 3 = 0 \\ 2x + y - z - 4 = 0 \end{cases}$ 平行的直线方程.

16. 求不定积分 $\int \dfrac{x^3}{\sqrt{9-x^2}}\,\mathrm{d}x$.

17. 计算定积分 $\int_{-\frac{\pi}{2}}^{\frac{\pi}{2}} (x^2+x)\sin x\,\mathrm{d}x$.

18. 设 $z = f\left(\dfrac{x}{y},\varphi(x)\right)$，其中函数 f 有二阶连续偏导数，函数 φ 具有连续导数，求 $\dfrac{\partial^2 z}{\partial x \partial y}$.

19. 计算二重积分 $\iint\limits_{D} xy\,\mathrm{d}x\mathrm{d}y$，其中 D 为由曲线 $y=\sqrt{4-x^2}$ 与直线 $y=x$ 及直线 $y=2$ 所围成的平面闭区域.

20. 已知 $y = C_1 \mathrm{e}^x + C_1 \mathrm{e}^{2x} + x\mathrm{e}^{3x}$ 是二阶常系数非齐次线性微分方程 $y'' + py' + qy = f(x)$ 的通解，试求该微分方程.

四、综合题(本大题共 2 小题,每小题 10 分,共 20 分)

21. 设 D 是由曲线 $y=x^2$ 与直线 $y=ax(a>0)$ 所围成的平面图形,已知 D 分别绕两坐标轴旋转一周所形成的旋转体的体积相等,试求:
    (1) 常数 a 的值;
    (2) 平面图形 D 的面积.

22. 设函数 $f(x)=\dfrac{ax+b}{(x+1)^2}$ 在点 $x=1$ 处取得极值 $-\dfrac{1}{4}$,试求:
    (1) 常数 a,b 的值;
    (2) 曲线 $y=f(x)$ 的凹凸区间与拐点;
    (3) 曲线 $y=f(x)$ 的渐近线.

五、证明题(本大题共 2 小题,每小题 9 分,共 18 分)

23. 证明:当 $0<x<1$ 时,$(x-2)\ln(1-x)>2x$.

24. 设 $z=z(x,y)$ 是由方程 $y+z=xf(y^2-z^2)$ 所确定的函数,其中 f 为可导函数.
    证明:$x\dfrac{\partial z}{\partial x}+z\dfrac{\partial z}{\partial y}=y$.

绝密★启用前

江苏省2016年普通高校专转本选拔考试试卷

高等数学 试卷

注意事项：
1. 本试卷分为试题卷和答题卡两部分。全卷满分150分，考试时间120分钟。
2. 必须在答题卡上作答，作答在试题卷上无效，作答前务必将自己的姓名和准考证号准确清晰地填写在试题卷和答题卡上的指定位置。
3. 考试结束时，请将试题卷和答题卡一并交回。

一、选择题（本大题共6小题，每小题4分，共24分，在下列每小题中，选出一个正确答案，请在答题卡上将所选项的字母标号涂黑）

1. 函数 $f(x)$ 在 $x=x_0$ 处有定义是极限 $\lim\limits_{x\to x_0}f(x)$ 存在的 （　　）

   A. 充分条件　　B. 必要条件　　C. 充分必要条件　　D. 无关条件

2. 设 $f(x)=\sin x$，当 $x\to 0$ 时，下列函数中是 $f(x)$ 的高阶无穷小的是 （　　）

   A. $\tan x$　　B. $\sqrt{1-x}-1$　　C. $x^2\sin\dfrac{1}{x}$　　D. $e^{\sqrt{x}}-1$

3. 设函数 $f(x)$ 的导函数为 $\sin x$，则 $f(x)$ 的一个原函数是 （　　）

   A. $\sin x$　　B. $-\sin x$　　C. $\cos x$　　D. $-\cos x$

4. 二阶常系数非齐次线性微分方程 $y''-y'-2y=2xe^{-x}$ 的特解 y^* 的正确假设形式为 （　　）

   A. Axe^{-x}　　B. Ax^2e^{-x}　　C. $(Ax+B)e^{-x}$　　D. $x(Ax+B)e^{-x}$

5. 函数 $z=(x-y)^2$，则 $\mathrm{d}z\big|_{x=1,y=0}=$ （　　）

   A. $2\mathrm{d}x+2\mathrm{d}y$　　B. $2\mathrm{d}x-2\mathrm{d}y$　　C. $-2\mathrm{d}x+2\mathrm{d}y$　　D. $-2\mathrm{d}x-2\mathrm{d}y$

6. 幂级数 $\sum\limits_{n=1}^{\infty}\dfrac{2^n}{n^2}x^n$ 的收敛域为 （　　）

   A. $\left[-\dfrac{1}{2},\dfrac{1}{2}\right]$　　B. $\left[-\dfrac{1}{2},\dfrac{1}{2}\right)$　　C. $\left(-\dfrac{1}{2},\dfrac{1}{2}\right]$　　D. $\left(-\dfrac{1}{2},\dfrac{1}{2}\right)$

二、填空题（本大题共6小题，每小题4分，共24分）

7. 极限 $\lim\limits_{x\to 0}(1-2x)^{\frac{1}{x}}=$ ＿＿＿＿＿．

8. 已知向量 $\boldsymbol{a}=(1,0,2)$，$\boldsymbol{b}=(4,-3,-2)$，则 $(2\boldsymbol{a}-\boldsymbol{b})\cdot(\boldsymbol{a}+2\boldsymbol{b})=$ ＿＿＿＿＿．

9. 函数 $f(x)=xe^x$ 的 n 阶导数 $f^{(n)}(x)=$ _____.

10. 函数 $f(x)=\dfrac{x^2+1}{2x}\sin\dfrac{1}{x}$，则 $f(x)$ 的图象的水平渐近线方程为_____.

11. 函数 $F(x)=\displaystyle\int_x^{2x}\ln t\,dt$，则 $F'(x)=$ _____.

12. 无穷级数 $\displaystyle\sum_{n=1}^{\infty}\dfrac{1+(-1)^n}{2n}$ _____（请填写"收敛"或"发散"）.

三、计算题（本大题共 8 小题，每小题 8 分，共 64 分）

13. 求极限 $\displaystyle\lim_{x\to 0}\left(\dfrac{1}{x\sin x}-\dfrac{\cos x}{x^2}\right)$.

14. 设函数 $y=y(x)$ 由方程 $e^{xy}=x+y$ 所确定，求 $\dfrac{dy}{dx}$.

15. 计算定积分 $\displaystyle\int_1^5\dfrac{1}{1+\sqrt{x-1}}dx$.

16. 求不定积分 $\displaystyle\int\dfrac{\ln x}{(1+x)^2}dx$.

17. 求微分方程 $x^2 y' + 2xy = \sin x$ 满足条件 $y(\pi) = 0$ 的解.

18. 求由直线 $l_1: \dfrac{x-1}{1} = \dfrac{y-1}{3} = \dfrac{z-1}{1}$ 和直线 $l_2: \begin{cases} x = 1+t \\ y = 1+2t \\ z = 1+3t \end{cases}$ 所确定的平面方程.

19. 设 $z = f(x^2 - y, y^2 - x)$，其中函数 f 具有二阶连续偏导数，求 $\dfrac{\partial^2 z}{\partial x \partial y}$.

20. 计算二重积分 $\iint\limits_{D} x \, dx \, dy$，其中 D 是由直线 $y = x + 2$，x 轴及曲线 $y = \sqrt{4 - x^2}$ 所围成的平面闭区域.

四、证明题(本大题共 2 小题，每小题 10 分，共 20 分)

21. 证明：函数 $f(x) = |x|$ 在 $x = 0$ 处连续但不可导.

22. 证明：当 $x \geqslant -\dfrac{1}{2}$ 时，不等式 $2x^3 + 1 \geqslant 3x^2$ 成立.

五、综合题(本大题共 2 小题,每小题 10 分,共 20 分)

23. 平面区域 D 由曲线 $x^2+y^2=2y, y=\sqrt{x}$ 及 y 轴所围成.

    (1) 求平面区域 D 的面积;
    (2) 求平面区域 D 绕 x 轴旋转一周所得的旋转体的体积.

24. 设函数 $f(x)$ 满足等式 $f(x)=\dfrac{1}{x^2}+2\int_1^2 f(x)\mathrm{d}x$.

    (1) 求 $f(x)$ 的表达式;
    (2) 确定反常积分 $\int_1^{+\infty} f(x)\mathrm{d}x$ 的敛散性.

江苏省 2017 年普通高校专转本选拔考试试卷

高等数学　试卷

注意事项：
1. 本试卷分为试题卷和答题卡两部分，试题卷共 3 页，全卷满分 150 分，考试时间 120 分钟。
2. 必须在答题卡上作答，作答在试题卷上无效，作答前务必将自己的姓名和准考证号准确清晰地填写在试题卷和答题卡上的指定位置。
3. 考试结束时，请将试题卷和答题卡一并交回。

一、单项选择题（本大题共 6 小题，每小题 4 分，共 24 分，在下列每小题中，选出一个正确答案，请在答题卡上将所选项的字母标号涂黑）

1. 设 $f(x)$ 为连续函数，则 $f'(x_0)=0$ 是 $f(x)$ 在点 x_0 处取得极值的　　　　（　　）
   A. 充分条件　　　　　　　　　　　B. 必要条件
   C. 充分必要条件　　　　　　　　　D. 非充分非必要条件

2. 当 $x\to 0$ 时，下列无穷小中与 x 等价的是　　　　　　　　　　　　　　　（　　）
   A. $\tan x - \sin x$　　B. $\sqrt{1+x}-\sqrt{1-x}$　　C. $\sqrt{1+x}-1$　　D. $1-\cos x$

3. $x=0$ 为函数 $f(x)=\begin{cases} e^x-1 & x<0 \\ 2 & x=0 \\ x\sin\dfrac{1}{x} & x>0 \end{cases}$ 的　　　　　　　　　（　　）

   A. 可去间断点　　B. 跳跃间断点　　C. 无穷间断点　　D. 连续点

4. 曲线 $y=\dfrac{x^2-6x+8}{x^2+4x}$ 的渐近线共有　　　　　　　　　　　　　　　　（　　）
   A. 1 条　　　　　B. 2 条　　　　　C. 3 条　　　　　D. 4 条

5. 设函数 $f(x)$ 在点 $x=0$ 处可导，则有　　　　　　　　　　　　　　　　　（　　）
   A. $\lim\limits_{x\to 0}\dfrac{f(x)-f(-x)}{x}=f'(0)$　　　B. $\lim\limits_{x\to 0}\dfrac{f(2x)-f(3x)}{x}=f'(0)$
   C. $\lim\limits_{x\to 0}\dfrac{f(-x)-f(0)}{x}=f'(0)$　　　D. $\lim\limits_{x\to 0}\dfrac{f(2x)-f(x)}{x}=f'(0)$

6. 若级数 $\sum\limits_{n=1}^{\infty}\dfrac{(-1)^n}{n^p}$ 条件收敛则常数 p 的取值范围为　　　　　　　　　（　　）
   A. $[1,+\infty)$　　B. $(1,+\infty)$　　C. $(0,1]$　　D. $(0,1)$

二、填空题(本大题共 6 小题,每小题 4 分,共 24 分)

7. 设 $\lim\limits_{x \to \infty}\left(\dfrac{x-1}{x}\right)^x = \int_{-\infty}^{a} e^x dx$,则常数 $a =$ _____.

8. 设函数 $y = f(x)$ 的微分为 $dy = e^{2x} dx$,则 $f''(x) =$ _____.

9. 设 $y = y(x)$ 是由参数方程 $\begin{cases} x = t^3 + 3t + 1 \\ y = 1 + \sin t \end{cases}$ 确定的函数,则 $\left.\dfrac{dy}{dx}\right|_{(1,1)} =$ _____.

10. 设 $F(x) = \cos x$ 是函数 $f(x)$ 的一个原函数,则 $\int x f(x) dx =$ _____.

11. 设 a 与 b 均为单位向量,a 与 b 的夹角为 $\dfrac{\pi}{3}$,则 $|a + b| =$ _____.

12. 幂级数 $\sum\limits_{n=1}^{\infty} \dfrac{n}{4^n} x^n$ 的收敛半径为 _____.

三、计算题(本大题共 8 小题,每小题 8 分,共 64 分)

13. 求极限 $\lim\limits_{x \to 0} \dfrac{\int_0^x (e^{t^2} - 1) dt}{\tan x - x}$.

14. 设 $z = z(x, y)$ 是由方程 $z + \ln z - xy = 0$ 确定的二元函数,求 $\dfrac{\partial^2 z}{\partial x^2}$.

15. 求不定积分 $\int \dfrac{x^2}{\sqrt{x+3}} dx$.

16. 计算定积分 $\int_0^{\frac{1}{2}} x \arcsin x \, dx$.

17. 设 $z = yf(y^2, xy)$，其中函数 f 具有二阶连续偏导数，求 $\dfrac{\partial^2 z}{\partial x \partial y}$.

18. 求通过点 $(1,1,1)$ 且与直线 $\dfrac{x+1}{-1} = \dfrac{y-1}{2} = \dfrac{z+1}{-1}$ 及直线 $\begin{cases} 4x+3y+2z+1=0 \\ x-y+z-5=0 \end{cases}$ 都垂直的直线方程.

19. 求微分方程 $y'' - 2y' + 3y = 3x$ 的通解.

20. 计算二重积分 $\iint\limits_{D} \dfrac{2x}{y} \, dx\, dy$，其中 D 是由曲线 $x = \sqrt{y-1}$ 与两直线 $x+y=3$, $y=1$ 围成的平面闭区域.

四、证明题（本大题共 2 小题，每小题 9 分，共 18 分）

21. 证明：当 $0 < x \leqslant \pi$ 时，$x\sin x + 2\cos x < 2$.

22. 设函数 $f(x)$ 在闭区间 $[-a, a]$ 上连续,且 $f(x)$ 为奇函数,证明:

(1) $\int_{-a}^{0} f(x) dx = -\int_{0}^{a} f(x) dx$;

(2) $\int_{-a}^{a} f(x) dx = 0$.

五、综合题(本大题共 2 小题,每小题 10 分,共 20 分)

23. 设平面图形 D 由曲线 $y = e^x$ 与其过原点的切线及 y 轴围成,试求:

(1) 平面图形 D 的面积;

(2) 平面图形 D 绕 x 轴旋转一周所形成的旋转体的体积.

24. 已知曲线 $y = f(x)$ 通过点 $(-1, 5)$,且函数 $f(x)$ 满足方程 $3xf'(x) - 8f(x) = 12x^{\frac{5}{3}}$,试求:

(1) 函数 $f(x)$ 的解析式;

(2) 曲线 $y = f(x)$ 的凹凸区间与拐点.

江苏省 2018 年普通高校专转本选拔考试试卷

高等数学 试卷

注意事项：
1. 本试卷分为试题卷和答题卡两部分，试题卷共 3 页。全卷满分 150 分，考试时间 120 分钟。
2. 必须在答题卡上作答，作答在试题卷上无效。作答前务必将自己的姓名和准考证号准确清晰地填写在试题卷和答题卡上的指定位置。
3. 考试结束时，须将试题卷和答题卡一并交回。

一、单项选择题（本大题共 6 小题，每小题 4 分，共 24 分，在下列每小题中选出一个正确答案，请在答题卡上将所选项的字母标号涂黑）

1. 当 $x \to 0$ 时，下列无穷小中与 $f(x) = x\sin^2 x$ 同阶的是 （ ）

   A. $\cos x^2 - 1$ B. $\sqrt{1+x^3} - 1$ C. $3^x - 1$ D. $(1+x^2)^3 - 1$

2. 设函数 $f(x) = \dfrac{x-a}{x^2+x+b}$，若 $x=1$ 为其可去间断点，则常数 a, b 的值分别为 （ ）

   A. $1, -2$ B. $-1, 2$ C. $-1, -2$ D. $1, 2$

3. 设 $f(x) = \varphi\left(\dfrac{1-x}{1+x}\right)$，其中 $\varphi(x)$ 为可导函数，且 $\varphi'(1) = 3$，则 $f'(0)$ 等于 （ ）

   A. -6 B. 6 C. -3 D. 3

4. 设 $F(x) = e^{2x}$ 是函数 $f(x)$ 的一个原函数，则 $\int x f'(x) dx$ 等于 （ ）

   A. $e^{2x}\left(\dfrac{1}{2}x - 1\right) + C$ B. $e^{2x}(2x-1) + C$

   C. $e^{2x}\left(\dfrac{1}{2}x + 1\right) + C$ D. $e^{2x}(2x+1) + C$

5. 下列反常积分中发散的是 （ ）

   A. $\int_{-\infty}^{0} e^x dx$ B. $\int_{1}^{+\infty} \dfrac{1}{x^3} dx$ C. $\int_{-\infty}^{+\infty} \dfrac{1}{1+x^2} dx$ D. $\int_{0}^{+\infty} \dfrac{1}{1+x} dx$

6. 下列级数中绝对收敛的是 （ ）

   A. $\sum_{n=1}^{\infty} \dfrac{(-1)^n}{\sqrt{n}}$ B. $\sum_{n=1}^{\infty} \dfrac{1+2(-1)^n}{n}$

   C. $\sum_{n=1}^{\infty} \dfrac{\sin n}{n^2}$ D. $\sum_{n=1}^{\infty} \dfrac{(-3)^n}{n^3}$

二、填空题(本大题共 6 小题,每小题 4 分,共 24 分)

7. 设 $\lim\limits_{x\to 0}(1+ax)^{\frac{1}{x}} = \lim\limits_{x\to\infty} x\sin\dfrac{2}{x}$,则常数 $a = $ _____.

8. 设 $y = x^{\sqrt{x}}\ (x>0)$,则 $y' = $ _____.

9. 设 $z = z(x,y)$ 是由方程 $z^2 + xyz = 1$ 所确定的函数,则 $\dfrac{\partial z}{\partial x} = $ _____.

10. 曲线 $y = 3x^4 + 4x^3 - 6x^2 - 12x$ 的凸区间为 _____.

11. 已知空间三点 $M(1,1,1)$、$A(1,1,0)$ 和 $B(2,1,2)$,则 $\angle AMB$ 的大小为 _____.

12. 幂级数 $\sum\limits_{n=1}^{\infty} \dfrac{(x+4)^n}{n\cdot 5^n}$ 的收敛域为 _____.

三、计算题(本大题共 8 小题,每小题 8 分,共 64 分)

13. 求极限 $\lim\limits_{x\to 0}\left[\dfrac{1}{x^2} - \dfrac{1}{\ln(1+x^2)}\right]$.

14. 设 $y = y(x)$ 是由参数方程 $\begin{cases} x^3 - xt^2 + t - 1 = 0 \\ y = t^3 + t + 1 \end{cases}$ 所确定的函数,求 $\dfrac{dy}{dx}\bigg|_{t=0}$.

15. 求不定积分 $\displaystyle\int \dfrac{1}{x\sqrt{x+1}}dx$.

16. 计算定积分 $\displaystyle\int_1^2 (2x+1)\ln x\,dx$.

17. 求通过点 $M(1,2,3)$ 及直线 $\begin{cases} x=1+3t \\ y=1+4t \\ z=1+5t \end{cases}$ 的平面方程.

18. 求微分方程 $(y^3-2x^2y)dx+2x^3dy=0$ 的通解.

19. 设 $z=xf\left(y,\dfrac{x}{y}\right)$,其中函数 f 具有一阶连续偏导数,求全微分 dz.

20. 计算二重积分 $\iint\limits_{D}xydxdy$,其中 $D=\{(x,y)\mid (x-1)^2+y^2\leqslant 1,0\leqslant y\leqslant x\}$.

四、证明题(本大题共2小题,每小题9分,共18分)

21. 证明:当 $x>0$ 时,$\ln x\leqslant \dfrac{2}{e}\sqrt{x}$.

22. 设函数 $F(x)=\begin{cases}\dfrac{\int_0^x f(t)\mathrm{d}t}{x} & x\neq 0 \\ 0 & x=0\end{cases}$, 其中 $f(x)$ 在 $(-\infty,+\infty)$ 内连续, 且 $\lim\limits_{x\to 0}\dfrac{f(x)}{x}=1$.

证明: $F'(x)$ 在点 $x=0$ 处连续.

五、综合题(本大题共 2 小题, 每小题 10 分, 共 20 分)

23. 设 D 是由曲线弧 $y=\cos x\left(\dfrac{\pi}{4}\leqslant x\leqslant \dfrac{\pi}{2}\right)$ 与 $y=\sin x\left(\dfrac{\pi}{4}\leqslant x\leqslant \pi\right)$ 及 x 轴所围成的平面图形. 试求:

(1) D 的面积;

(2) D 绕 x 轴旋转一周所形成的旋转体的体积.

24. 设函数 $f(x)$ 满足方程 $f''(x)-3f'(x)+2f(x)=0$, 且在 $x=0$ 处取得极值 1. 试求:

(1) 函数 $f(x)$ 的解析式;

(2) 曲线 $y=\dfrac{f'(x)}{f(x)}$ 的渐近线.

江苏省 2019 年普通高校专转本选拔考试试卷

高等数学 试卷

注意事项：
1. 本试卷分为试题卷和答题卡两部分。全卷满分 150 分，考试时间 120 分钟。
2. 必须在答题卡上作答，作答在试题卷上无效。作答前务必将自己的姓名和准考证号准确清晰地填写在试题卷和答题卡上的指定位置。
3. 考试结束时，须将试题卷和答题卡一并交回。

一、单项选择题（本大题共 8 小题，每小题 4 分，满分 32 分。在每小题给出的四个选项中，只有一项是符合题目要求的，请将其字母标号填在题后的括号内，并在答题卡上将所选的字母标号涂黑）

1. 设当 $x \to 0$ 时，函数 $f(x) = \ln(1+kx^2)$ 与 $g(x) = 1-\cos x$ 是等价无穷小，则常数 k 的值为 （　　）

   A. $\dfrac{1}{4}$　　　　B. $\dfrac{1}{2}$　　　　C. 1　　　　D. 2

2. $x=0$ 是函数 $f(x) = \dfrac{1}{e^{\frac{1}{x}}+1}$ 的 （　　）

   A. 跳跃间断点　　B. 可去间断点　　C. 无穷间断点　　D. 振荡间断点

3. 设函数 $f(x)$ 在点 $x=0$ 处连续，且 $\lim\limits_{x \to 0} \dfrac{f(x)}{\sin 2x} = 1$，则 $f'(0) =$ （　　）

   A. 0　　　　B. $\dfrac{1}{2}$　　　　C. 1　　　　D. 2

4. 设 $f(x)$ 是函数 $\cos 2x$ 的一个原函数，且 $f(0)=0$，则 $\int f(x) \mathrm{d}x =$ （　　）

   A. $-\dfrac{1}{4}\cos 2x + C$　　　　B. $-\dfrac{1}{2}\cos 2x + C$

   C. $-\cos 2x + C$　　　　D. $\cos 2x + C$

5. 设 $\int_a^{+\infty} \dfrac{1}{x\ln^2 x} \mathrm{d}x = \dfrac{1}{2\ln 2}$，则积分下限 a 的值为 （　　）

   A. 2　　　　B. 4　　　　C. 6　　　　D. 8

6. 设 $f(x)$ 为 R 上的连续函数，则与 $\int_1^2 f(\dfrac{1}{x}) \mathrm{d}x$ 的值相等的定积分为 （　　）

   A. $\int_1^2 \dfrac{f(x)}{x^2} \mathrm{d}x$　B. $\int_{\frac{1}{2}}^1 \dfrac{f(x)}{x^2} \mathrm{d}x$　C. $\int_{\frac{1}{2}}^1 \dfrac{f(x)}{x^2} \mathrm{d}x$　D. $\int_1^{\frac{1}{2}} \dfrac{f(x)}{x^2} \mathrm{d}x$

7. 二次积分 $\int_{-2}^{0} \mathrm{d}x \int_{-x}^{2} f(x,y) \mathrm{d}y$ 交换积分次序得 （　　）

　　A. $\int_{-2}^{0} \mathrm{d}y \int_{-y}^{2} f(x,y) \mathrm{d}x$ 　　　　　　B. $\int_{0}^{2} \mathrm{d}y \int_{0}^{-y} f(x,y) \mathrm{d}x$

　　C. $\int_{0}^{2} \mathrm{d}y \int_{-y}^{2} f(x,y) \mathrm{d}x$ 　　　　　　D. $\int_{0}^{2} \mathrm{d}y \int_{-y}^{0} f(x,y) \mathrm{d}x$

8. 设 $u_n = (-1)^n \ln(1 + \frac{1}{\sqrt{n}})$, $v_n = \ln(1 + \frac{1}{n})$, 则 （　　）

　　A. 级数 $\sum_{n=1}^{\infty} u_n$ 与 $\sum_{n=1}^{\infty} v_n$ 都收敛　　　　B. 级数 $\sum_{n=1}^{\infty} u_n$ 与 $\sum_{n=1}^{\infty} v_n$ 都发散

　　C. 级数 $\sum_{n=1}^{\infty} u_n$ 收敛, $\sum_{n=1}^{\infty} v_n$ 发散　　　　D. 级数 $\sum_{n=1}^{\infty} u_n$ 发散, $\sum_{n=1}^{\infty} v_n$ 收敛

二、填空题（本大题共 6 小题，每小题 4 分，共 24 分）

9. 设函数 $f(x) = \begin{cases} (2-x)^{\frac{1}{x-1}} & x < 1 \\ a & x \geq 1 \end{cases}$, 在点 $x = 1$ 处连续，则常数 $a = $ _____.

10. 曲线 $\begin{cases} x = t\mathrm{e}^t \\ y = 1 - \mathrm{e}^t \end{cases}$ 在点 $(0,0)$ 处的切线方程为 _____.

11. 设 $y = \ln(1 + x)$, 若 $y^{(n)}|_{x=0} = 2018!$, 则 $n = $ _____.

12. 定积分 $\int_{-1}^{1} (x\cos^4 x + |x|) \mathrm{d}x = $ _____.

13. 设 $\boldsymbol{a} \times \boldsymbol{b} = (2,1,-2)$, $\boldsymbol{a} \cdot \boldsymbol{b} = 3$, 则向量 $\boldsymbol{a}$ 与 $\boldsymbol{b}$ 的夹角为 _____.

14. 幂级数 $\sum_{n=1}^{\infty} \frac{3^n}{3+n^3} x^n$ 的收敛半径为 _____.

三、计算题（本大题共 8 小题，满分 64 分）

15. 求极限 $\lim\limits_{x \to 0} \dfrac{\int_0^x [\ln(1+t) - t] \mathrm{d}t}{\mathrm{e}^{x^3} - 1}$.

16. 求不定积分 $\int (x^2 + x) \mathrm{e}^x \mathrm{d}x$.

17. 计算定积分 $\int_0^7 \dfrac{1}{1+\sqrt[3]{x+1}}dx$.

18. 设 $z=f(x^2y,x-y)$，其中函数 f 具有二阶连续偏导数，求 $\dfrac{\partial^2 z}{\partial x^2}$.

19. 设 $z=z(x,y)$ 是由方程 $\sin(y+z)+xy+z^2=1$ 所确定的函数，求 $\dfrac{\partial z}{\partial x},\dfrac{\partial z}{\partial y}$.

20. 求通过点 $M(1,0,1)$，且与直线 $l_1:\dfrac{x-1}{1}=\dfrac{y-1}{2}=\dfrac{z-1}{3}$ 和 $l_2:\begin{cases}x=1+t\\y=2+3t\\z=3+2t\end{cases}$ 都平行的平面方程.

21. 求微分方程 $y''-y'=e^x$ 的通解.

22. 计算二重积分 $\iint\limits_{D} y\,\mathrm{d}x\,\mathrm{d}y$,其中 D 是由曲线 $y=\sqrt{2x-x^2}$ 与直线 $y=1$ 及 $x=0$ 所围成的闭区域.

四、证明题(本大题 10 分)

23. 证明:当 $0<x<2$ 时,$\mathrm{e}^x<\dfrac{2+x}{2-x}$.

五、综合题(本大题共 2 小题,每小题 10 分,共 20 分)

24. 已知函数 $f(x)=ax^4+bx^3$ 在点 $x=3$ 处取得极值 -27,试求:
    (1) 常数 a,b 的值;
    (2) 曲线 $y=f(x)$ 的凹凸区间与拐点;
    (3) 曲线 $y=\dfrac{1}{f(x)}$ 的渐近线.

25. $f(x)$ 为定义在 $[0,+\infty)$ 上的单调连续函数,曲线 $C:y=f(x)$ 通过点 $(0,0)$ 及 $(1,1)$,过曲线 C 上任一点 $M(x,y)$ 分别作垂直于 x 轴的直线 l_x 和垂直于 y 轴的直线 l_y,由曲线 C 和直线 l_x 及 x 轴所围成的平面图形的面积记为 S_1;由曲线 C 和直线 l_y 及 y 轴所围成的平面图形的面积记为 S_2;已知 $S_1=2S_2$,试求:
    (1) 曲线 C 的方程;
    (2) 曲线 C 与直线 $y=x$ 所围成的平面图形绕 x 轴旋转一周所形成的旋转体的体积 V_x.

江苏省2020年普通高校专转本选拔考试试卷

高等数学 试卷

注意事项：
1. 本试卷分为试题卷和答题卡两部分。全卷满分150分，考试时间120分钟。
2. 必须在答题卡上作答，作答在试题卷上无效。作答前务必将自己的姓名和准考证号准确清晰地填写在试题卷和答题卡上的指定位置。
3. 考试结束时，须将试题卷和答题卡一并交回。

一、单项选择题（本大题共8小题，每小题4分，共32分。在下列每小题中给出的四个选项选择一个正确答案，请在答题卡上将所选项的字母标号涂黑）

1. 极限 $\lim\limits_{x \to 0}\left(x\sin\dfrac{2}{x} + 2^{\frac{\sin x}{x}}\right)$ 的值为 （　　）

   A. 1　　　　B. 2　　　　C. 3　　　　D. 4

2. 函数 $f(x) = \begin{cases} \dfrac{x^2 - a}{x - 2}, & x \neq 2 \\ b, & x = 2 \end{cases}$ 在 $(-\infty, +\infty)$ 内连续，a, b 为常数，则 $a - b =$ （　　）

   A. -2　　　　B. 0　　　　C. 2　　　　D. 4

3. 设函数 f 在点 $x = 0$ 处连续，且 $\lim\limits_{x \to 0}\dfrac{f(3x)}{x} = 2$，则 $f'(0) =$ （　　）

   A. $\dfrac{2}{3}$　　　　B. $\dfrac{3}{2}$　　　　C. 3　　　　D. 0

4. 已知 $f(x)$ 是一个原函数是 $\ln|3x - 1|$，则 $\int f(3x)dx =$ （　　）

   A. $\dfrac{1}{3}\ln|9x - 1| + C$　　　　B. $\dfrac{1}{3}\ln|3x - 1| + C$

   C. $\ln|9x - 1| + C$　　　　D. $3\ln|9x - 1| + C$

5. 下列反常积分中收敛的是 （　　）

   A. $\int_1^{+\infty} \dfrac{1}{x}dx$　　B. $\int_1^{+\infty} \dfrac{x}{1+x^2}dx$　　C. $\int_1^{+\infty} \dfrac{1+x}{1+x^2}dx$　　D. $\int_1^{+\infty} \dfrac{1+x}{x^3}dx$

6. 设 $f(x) = \int_0^{2x} \cos t^2 dt$，则 $f'(x) =$ （　　）

   A. $\cos 4x^2$　　B. $\cos 4x^2 - 1$　　C. $2\cos 4x^2$　　D. $2(\cos 4x^2 - 1)$

7. 二次积分 $\int_0^1 dx \int_x^1 (x^2+y^2)dy$ 在极坐标系下可化为 （　　）

A. $\int_0^{\frac{\pi}{4}} d\theta \int_0^{\frac{1}{\cos\theta}} \rho^2 d\rho$　　　　　　B. $\int_0^{\frac{\pi}{4}} d\theta \int_0^{\frac{1}{\cos\theta}} \rho^3 d\rho$

C. $\int_{\frac{\pi}{4}}^{\frac{\pi}{2}} d\theta \int_0^{\frac{1}{\sin\theta}} \rho^2 d\rho$　　　　　　D. $\int_{\frac{\pi}{4}}^{\frac{\pi}{2}} d\theta \int_0^{\frac{1}{\sin\theta}} \rho^3 d\rho$

8. 设函数 $f(x) = \dfrac{1}{x+5}$ 在 $(-5, 5)$ 内的可展开成幂级数 $\sum\limits_{n=0}^{\infty} a_n x^n$，则 $a_{2020} =$ （　　）

A. $\dfrac{1}{5^{2020}}$　　　　B. $-\dfrac{1}{5^{2020}}$　　　　C. $\dfrac{1}{5^{2021}}$　　　　D. $-\dfrac{1}{5^{2021}}$

二、填空题（本大题共 6 小题，每小题 4 分，共 24 分）

9. 已知 $\lim\limits_{x \to \infty} \left(1 - \dfrac{1}{x}\right)^x = \lim\limits_{x \to 0} \dfrac{\sqrt{1+kx}-1}{x}$，则常数 $k = $ _____．

10. 设 $f(x) = e^{2x}$，则 $f^{(n)}(0) = $ _____．

11. 设函数 $y = y(x)$ 由参数方程 $\begin{cases} x = t^3 + 3t \\ y = 3t^5 + 5t^3 \end{cases}$ 确定，则 $\left.\dfrac{dy}{dx}\right|_{t=1} = $ _____．

12. 已知向量 $\boldsymbol{a} = (-2, 6, \lambda)$ 与 $\boldsymbol{b} = (1, \lambda, -4)$ 垂直，则常数 $\lambda = $ _____．

13. 微分方程 $\dfrac{dy}{dx} = \dfrac{x^2 y}{1+x^3}$ 的通解为 _____．

14. 设幂级数 $\sum\limits_{n=0}^{\infty} a_n x^n$ 的收敛半径为 8，则幂级数 $\sum\limits_{n=0}^{\infty} \dfrac{a_n x^n}{3^n}$ 的收敛半径为 _____．

三、计算题（本大题共 8 小题，每小题 8 分，共 64 分）

15. 求极限 $\lim\limits_{x \to 0} \dfrac{x \ln(1+x)}{x - \ln(1+x)}$．

16. 求不定积分 $\int (x - \sin^2 x) \cos x \, dx$．

17. 计算定积分 $\int_0^{\sqrt{2}} \dfrac{x^2}{(4-x^2)\sqrt{4-x^2}} dx$.

18. 设 $z = f(2x+3y, y^2)$，其中函数 f 具有二阶连续偏导数，求 $\dfrac{\partial^2 z}{\partial y^2}$.

19. 设 $z = z(x,y)$ 由方程 $yz + \ln z = x - y$ 所确定的函数，求 $\dfrac{\partial z}{\partial x}, \dfrac{\partial z}{\partial y}$.

20. 求过点 $(-1, 0, 2)$，且与直线 $\begin{cases} x+y+z-2=0 \\ 2x-y+z-6=0 \end{cases}$ 平行的直线方程.

21. 已知函数 $y = e^{2x}$ 是微分方程 $y'' - 2y' + y = f(x)$ 的一个特解，求该微分方程满足 $y|_{x=0} = 2, y'|_{x=0} = 5$ 的特解.

22. 计算二重积分 $\iint\limits_{D}(x+y)\mathrm{d}x\mathrm{d}y$,其中 D 是由 $y=x$ 与直线 $y=-x$ 及 $y=1$ 所围成的平面闭区域.

四、证明题(本大题 10 分)

23. 证明:当 $x\neq 0$ 时, $\mathrm{e}^{x}+\mathrm{e}^{-x}>x^{2}+2$.

五、综合题(本大题共 2 小题,每小题 10 分,共 20 分)

24. 设平面图形 D 由曲线 $y=\mathrm{e}^{x}$ 与其在点 $(0,1)$ 处的法线及直线 $x=1$ 所围成.试求:
    (1) 平面图形 D 的面积;
    (2) 平面图形 D 绕 x 轴旋转一周所得旋转体的体积.

25. 设 $f(x)=\dfrac{a}{x-1}+\dfrac{b}{(x-1)^{2}}+c$,其中 a,b,c 为常数.已知曲线 $y=f(x)$ 具有水平渐近线 $y=1$,且有拐点 $(-1,0)$.试求:
    (1) a,b,c 的值;
    (2) 函数 $y=f(x)$ 的单调区间与极值.

机密 ★ 启用前

江苏省 2021 年普通高校专转本选拔考试试卷

高等数学 试卷

注意事项：
1. 考生务必将密封线内的各项目及第 2 页右下角的座位号填写清楚。
2. 考生须用钢笔或圆珠笔将答案直接答在试卷上，答在草稿纸上无效。
3. 本试卷共五大题 25 小题，满分 150 分，考试时间 120 分钟。

一、单项选择题（本大题共 8 小题，每小题 4 分，共 32 分）

1. 将 $x \to 0$ 的无穷小 $\alpha(x) = 1 - \cos x^2$，$\beta(x) = e^{x^2} - 1$，$\gamma(x) = x \tan^2 x$ 排列起来，使排在后面的一个是前面一个的高阶无穷小，则正确的排序是 （ ）

   A. $\alpha(x), \gamma(x), \beta(x)$　　　　　　　B. $\beta(x), \gamma(x), \alpha(x)$
   C. $\beta(x), \alpha(x), \gamma(x)$　　　　　　　D. $\gamma(x), \beta(x), \alpha(x)$

2. 若函数 $f(x) = \begin{cases} e^{\frac{a}{x}}, & x < 0 \\ 0, & x = 0 \\ \dfrac{\sin x}{x^a}, & x > 0 \end{cases}$ 在 $(-\infty, +\infty)$ 内处处连续，则常数 a 的取值范围为（ ）

   A. $(-\infty, 0)$　　　　　　　B. $(0, +\infty)$
   C. $(0, 1)$　　　　　　　　　D. $(1, +\infty)$

3. 若函数 $f(x)$ 在 $x = 1$ 处连续，且 $\lim\limits_{x \to 1} \dfrac{f(x)}{x-1} = 2$，则 $\lim\limits_{x \to 0} \dfrac{f(1-2x)}{x} =$ （ ）

   A. -4　　　　B. -1　　　　C. 1　　　　D. 4

4. 若函数 $f(x) = \begin{cases} ax + b, & x \leqslant 0 \\ \dfrac{\ln(1+x)}{x}, & x > 0 \end{cases}$ 在 $x = 0$ 处可导，则常数 a, b 的值分别为 （ ）

   A. $-\dfrac{1}{2}, 1$　　　B. $\dfrac{1}{2}, 1$　　　C. $-2, 0$　　　D. $0, 1$

5. 设 $y = f\left(\dfrac{1}{x}\right)$，其中 f 函数具有二阶导数，则 $\dfrac{d^2 y}{dx^2} =$ （ ）

   A. $\dfrac{2}{x^3} f'\left(\dfrac{1}{x}\right) - \dfrac{1}{x^2} f''\left(\dfrac{1}{x}\right)$　　　　B. $-\dfrac{2}{x^3} f'\left(\dfrac{1}{x}\right) - \dfrac{1}{x^2} f''\left(\dfrac{1}{x}\right)$
   C. $\dfrac{2}{x^3} f'\left(\dfrac{1}{x}\right) + \dfrac{1}{x^4} f''\left(\dfrac{1}{x}\right)$　　　　D. $-\dfrac{2}{x^3} f'\left(\dfrac{1}{x}\right) + \dfrac{1}{x^4} f''\left(\dfrac{1}{x}\right)$

6. 设常数 $p \in (0,1)$，则反常积分 $I_1 = \int_1^{+\infty} \frac{1}{x^p} dx$，$I_2 = \int_1^{+\infty} p^x dx$ 的敛散性为 （   ）

    A. I_1 与 I_2 都收敛   B. I_1 与 I_2 都发散

    C. I_1 收敛，I_2 发散   D. I_1 发散，I_2 收敛

7. 下面级数发散的是 （   ）

    A. $\sum_{n=1}^{\infty} \frac{1}{n^2+n}$ B. $\sum_{n=1}^{\infty} \frac{(-1)^n}{\sqrt{n}}$ C. $\sum_{n=1}^{\infty} (\frac{1}{n} - \sin\frac{1}{n})$ D. $\sum_{n=1}^{\infty} \ln\frac{n+1}{n}$

8. 二次积分 $I = \int_0^1 dx \int_{1-x}^{\sqrt{1-x^2}} f(x^2+y^2) dy$ 在极坐标系下可表示为 （   ）

    A. $\int_0^{\frac{\pi}{2}} d\theta \int_1^{\frac{1}{\cos\theta+\sin\theta}} f(\rho^2)\rho d\rho$ B. $\int_0^{\frac{\pi}{2}} d\theta \int_{\frac{1}{\cos\theta+\sin\theta}}^{1} f(\rho^2)\rho d\rho$

    C. $\int_0^{\frac{\pi}{2}} d\theta \int_{\sin\theta}^{1-\cos\theta} f(\rho^2)\rho d\rho$ D. $\int_0^{\frac{\pi}{2}} d\theta \int_{1-\cos\theta}^{\sin\theta} f(\rho^2)\rho d\rho$

二、填空题（本大题共 6 小题，每小题 4 分，共 24 分）

9. 设 $\lim_{x\to\infty} x\ln(1+\frac{k}{x}) = \lim_{x\to 0} \frac{\sin 3x}{x}$，则常数 $k = $ _____.

10. 已知 $\boldsymbol{a} = (2, -3, 4)$，$\boldsymbol{b} = (2, 2, -1)$，则 $(\boldsymbol{a}+\boldsymbol{b}) \cdot (\boldsymbol{a}-\boldsymbol{b}) = $ _____.

11. 设函数 $f(x) = \frac{x^{2021}-1}{x}$，则 $f^{(2021)}(1) = $ _____.

12. 设曲线 $\begin{cases} x = 3+t+t^2 \\ y = 12+10t-2t^2 \end{cases}$ 在点 P 处的切线方程为 $y = 2x+10$，则切点 P 的坐标为 _____.

13. 设 $\ln(1+x^2)$ 是函数 $f(x)$ 的一个原函数，则 $\int_0^1 f'(x)dx = $ _____.

14. 设常数 $a > 0$，若幂级数 $\sum_{n=1}^{\infty} \frac{(x-1)^n}{a^n}$ 的收敛区间为 $(-1, 3)$，则 $a = $ _____.

三、计算题（本大题共 8 小题，每小题 8 分，共 64 分）

15. 求极限 $\lim_{x\to 0}(\frac{1}{x^2} - \frac{1}{x\arctan x})$.

16. 求不定积分 $\int x\cos(2x-3)dx$.

17. 求定积分 $\int_1^2 \dfrac{\sqrt{x-1}}{x}\mathrm{d}x$.

18. 已知直线 L 在平面 $\Pi_1: x+y+z-1=0$ 上，且通过平面 Π_1 与 x 轴的交点，又与平面 $\Pi_2: x+2y+3z+6=0$ 平行，求直线 L 的方程.

19. 设函数 $z=y^3 f(\dfrac{x}{y}, e^x)$，其中函数 f 具有二阶连续偏导数，求 $\dfrac{\partial^2 z}{\partial x \partial y}$.

20. 设 $z=z(x,y)$ 是由方程 $z^3-3x^2z-6yz+3x-3y=1$ 所确定的二元函数，求 $\mathrm{d}z\Big|_{\substack{x=0\\y=0}}$.

21. 计算二重积分 $\iint\limits_{D}(x+y)\mathrm{d}x\mathrm{d}y$，其中 D 是由曲线 $y=x^2(x\leqslant 0)$ 与直线 $y=x$ 及 $y=1$ 所围成的平面闭区域.

22. 设函数 $y=f(x)$ 是微分方程 $y''-3y'+2y=0$ 满足初始条件 $y(0)=y'(0)=1$ 的特解，求微分方程 $y''-3y'+2y=f(x)$ 的通解.

四、证明题(本大题 10 分)

23. 证明：当 $x>0$ 时，$2-\dfrac{e}{x}\leqslant \ln x \leqslant \dfrac{x}{e}$.

五、综合题(本大题 2 小题，每小题 10 分，共 20 分)

24. 设 D 是由曲线 $y=1-ax^2$，$y=\dfrac{1}{a}x^2$ ($x\geqslant 0, a>0$) 与 y 轴所围成的平面图形.

（1）求 D 绕 y 轴旋转一周所形成的旋转体的体积 $V(a)$；

（2）问 a 为何值时，$V(a)$ 取最大值？并求此时 D 的面积.

25. 设可导函数 $f(x)$ 满足 $f(x)+\displaystyle\int_0^x tf(t)\mathrm{d}t=1$，求：

（1）函数 $f(x)$ 的解析式；

（2）曲线 $y=f(x)$ 的凹凸区间与拐点；

（3）曲线 $y=f(x)$ 的渐近线.

历年真题
(2008～2021)
答案解析

答案解析

2008 年

1. 解:因 $f(x)$ 的奇偶性未知,所以选项 A、C 中函数的奇偶性是无法确定的. 对于 B,因 $y(-x)=(-x)^3 f[(-x)^4]=-x^3 f(x^4)=-y(x)$,故 B 是奇函数,应选 B.

2. 解:因 $\lim\limits_{x \to 0} \dfrac{f(0)-f(x)}{x} = -\lim\limits_{x \to 0} \dfrac{f(x)-f(0)}{x} = -f'(0)$,所以应选 A.

3. 解:$f'(x) = -(2x)^2 \sin 2x \cdot (2x)' = -8x^2 \sin 2x$,应选 D.

4. 解:$\boldsymbol{a} \times \boldsymbol{b} = \begin{vmatrix} \boldsymbol{i} & \boldsymbol{j} & \boldsymbol{k} \\ 1 & 2 & 3 \\ 3 & 2 & 4 \end{vmatrix} = 2\boldsymbol{i} + 5\boldsymbol{j} - 4\boldsymbol{k}$,应选 C.

5. 解:$z = \ln \dfrac{y}{x} = \ln y - \ln x$,$\dfrac{\partial z}{\partial x} = -\dfrac{1}{x}$,$\dfrac{\partial z}{\partial y} = \dfrac{1}{y}$,

   所以 $\mathrm{d}z \Big|_{(2,2)} = -\dfrac{1}{x}\Big|_{(2,2)} \mathrm{d}x + \dfrac{1}{y}\Big|_{(2,2)} \mathrm{d}y = -\dfrac{1}{2}\mathrm{d}x + \dfrac{1}{2}\mathrm{d}y$,应选 A.

6. 解:由二阶常系数线性非齐次微分方程解的结构定理可知,各选项中的前两项是对应齐次方程的通解 $\bar{y}$,第三项是原方程的一个特解 y^*. 将 A、C 选项中的 $y^* = 1$ 代入原方程,两边不相等,故 A、C 选项不正确. 对应齐次方程的特征根 $r_1 = -1, r_2 = -2$,故 $\bar{y} = c_1 \mathrm{e}^{-x} + c_2 \mathrm{e}^{-2x}$,故 D 不正确. 应选 B.

7. 解:函数 $f(x)$ 的间断点为 $x = 0, x = 1$,因为 $\lim\limits_{x \to 0} \dfrac{x^2 - 1}{|x|(x-1)} = \infty$,所以 $x = 0$ 是 $f(x)$ 的第二类间断点. 因为 $\lim\limits_{x \to 1} \dfrac{x^2 - 1}{|x|(x-1)} = \lim\limits_{x \to 1} \dfrac{(x-1)(x+1)}{x(x-1)} = \lim\limits_{x \to 1} \dfrac{(x+1)}{x} = 2$,所以 $x = 1$ 是 $f(x)$ 的第一类间断点. 应填 $x = 1$.

8. 解:$f(0) = a$,$f(0-0) = \lim\limits_{x \to 0^-} f(x) = \lim\limits_{x \to 0^-} \dfrac{\tan 3x}{x} = \lim\limits_{x \to 0^-} \dfrac{3x}{x} = 3$,

   $f(0+0) = \lim\limits_{x \to 0^+} f(x) = \lim\limits_{x \to 0^+} (a+x) = a$. 因为 $f(x)$ 在 $x = 0$ 处连续,所以 $f(0-0) = f(0+0)$,即 $a = 3$,应填 3.

9. 解:$y' = 6x^2 - 6x + 4$,$y'' = 12x - 6$,令 $y'' = 0$ 得 $x = \dfrac{1}{2}$,当 $x < \dfrac{1}{2}$ 时 $y'' < 0$,曲线为凸. 当 $x > \dfrac{1}{2}$ 时 $y'' > 0$,曲线为凹. 故 $x = \dfrac{1}{2}$ 是曲线拐点的横坐标. 当 $x = \dfrac{1}{2}$ 时 $y = \dfrac{13}{2}$,故拐点为 $\left(\dfrac{1}{2}, \dfrac{13}{2}\right)$,应填 $\left(\dfrac{1}{2}, \dfrac{13}{2}\right)$.

10. 解:由 $f'(x) = \cos x$ 两边积分 $\int f'(x) \mathrm{d}x = \int \cos x \mathrm{d}x$,即 $f(x) = \sin x + C$. 将 $f(0) = \dfrac{1}{2}$ 代入得 $C = \dfrac{1}{2}$,故 $f(x) = \sin x + \dfrac{1}{2}$,

于是 $\int f(x)\mathrm{d}x = \int\left(\sin x + \dfrac{1}{2}\right)\mathrm{d}x = -\cos x + \dfrac{1}{2}x + C$. 应填：$-\cos x + \dfrac{1}{2}x + C$.

11. 解：$\displaystyle\int_{-1}^{1}\dfrac{2+\sin x}{1+x^{2}}\mathrm{d}x = 2\int_{-1}^{1}\dfrac{1}{1+x^{2}}\mathrm{d}x + \int_{-1}^{1}\dfrac{\sin x}{1+x^{2}}\mathrm{d}x = 4\int_{0}^{1}\dfrac{1}{1+x^{2}}\mathrm{d}x + 0$

$= 4\arctan x\Big|_{0}^{1} = 4\arctan 1 = 4\times\dfrac{\pi}{4} = \pi$，应填 π.

12. 解：$\displaystyle\lim_{n\to\infty}\left|\dfrac{u_{n+1}(x)}{u_{n}(x)}\right| = \lim_{n\to\infty}\left|\dfrac{x^{n+1}}{(n+1)\cdot 2^{n+1}}\cdot\dfrac{n\cdot 2^{n}}{x^{n}}\right| = \dfrac{1}{2}|x| < 1$，解得 $-2 < x < 2$. 当 $x = -2$ 时，级数 $\displaystyle\sum_{n=1}^{\infty}\dfrac{(-1)^{n}}{n}$ 收敛；当 $x = 2$ 时，级数 $\displaystyle\sum_{n=1}^{\infty}\dfrac{1}{n}$ 发散. 故收敛域为 $[-2, 2)$，应填 $[-2, 2)$.

13. 解：因为 $\displaystyle\lim_{x\to\infty}\left(\dfrac{x-2}{x} - 1\right)\cdot 3x = \lim_{x\to\infty}\dfrac{-6x}{x} = -6$，所以 $\displaystyle\lim_{x\to\infty}\left(\dfrac{x-2}{x}\right)^{3x} = \mathrm{e}^{-6}$.

14. 解：$\dfrac{\mathrm{d}x}{\mathrm{d}t} = 1 - \cos t$，$\dfrac{\mathrm{d}y}{\mathrm{d}t} = \sin t$，所以 $\dfrac{\mathrm{d}y}{\mathrm{d}x} = \dfrac{\mathrm{d}y}{\mathrm{d}t}\Big/\dfrac{\mathrm{d}x}{\mathrm{d}t} = \dfrac{\sin t}{1-\cos t}$，

$\dfrac{\mathrm{d}^{2}y}{\mathrm{d}x^{2}} = \left(\dfrac{\sin t}{1-\cos t}\right)'\cdot\dfrac{1}{\dfrac{\mathrm{d}x}{\mathrm{d}t}} = \dfrac{\cos t(1-\cos t) - \sin t\cdot\sin t}{(1-\cos t)^{2}}\cdot\dfrac{1}{1-\cos t} = \dfrac{-1}{(1-\cos t)^{2}}$.

15. 解：$\displaystyle\int\dfrac{x^{3}}{x+1}\mathrm{d}x = \int\dfrac{x^{3}+1-1}{x+1}\mathrm{d}x = \int\dfrac{x^{3}+1}{x+1}\mathrm{d}x - \int\dfrac{1}{x+1}\mathrm{d}x$

$= \displaystyle\int\dfrac{(x+1)(x^{2}-x+1)}{x+1}\mathrm{d}x - \int\dfrac{1}{x+1}\mathrm{d}(x+1)$

$= \displaystyle\int(x^{2}-x+1)\mathrm{d}x - \ln|x+1| = \dfrac{1}{3}x^{3} - \dfrac{1}{2}x^{2} + x - \ln|x+1| + C$

16. 解：令 $\sqrt{x} = t$，则 $x = t^{2}$，当 $x = 0$ 时 $t = 0$，当 $x = 1$ 时 $t = 1$，

所以 $\displaystyle\int_{0}^{1}\mathrm{e}^{\sqrt{x}}\mathrm{d}x = \int_{0}^{1}\mathrm{e}^{t}\mathrm{d}t^{2} = 2\int_{0}^{1}t\mathrm{e}^{t}\mathrm{d}t = 2\int_{0}^{1}t\mathrm{d}\mathrm{e}^{t} = 2t\mathrm{e}^{t}\Big|_{0}^{1} - 2\int_{0}^{1}\mathrm{e}^{t}\mathrm{d}t = 2\mathrm{e} - 2\mathrm{e}^{t}\Big|_{0}^{1} = 2\mathrm{e} - 2(\mathrm{e}-1) = 2$.

17. 解：$\overrightarrow{AB} = (-2, 3, 0)$，$\overrightarrow{AC} = (-2, 0, 5)$，

平面 π 的法向量 $\boldsymbol{n}\perp\overrightarrow{AB}$，$\boldsymbol{n}\perp\overrightarrow{AC}$，可取 $\boldsymbol{n} = \overrightarrow{AB}\times\overrightarrow{AC} = \begin{vmatrix} \boldsymbol{i} & \boldsymbol{j} & \boldsymbol{k} \\ -2 & 3 & 0 \\ -2 & 0 & 5 \end{vmatrix} = 15\boldsymbol{i} + 10\boldsymbol{j} + 6\boldsymbol{k}$，

因所求直线垂直于平面 π，故其方向向量 $\boldsymbol{s}\,/\!/\,\boldsymbol{n}$，可取 $\boldsymbol{s} = \boldsymbol{n}$. 又所求直线经过点 $P(1, 2, 1)$，故其方程为 $\dfrac{x-1}{15} = \dfrac{y-2}{10} = \dfrac{z-1}{6}$.

18. 解：$\dfrac{\partial z}{\partial x} = f'_{1} - \dfrac{y}{x^{2}}f'_{2}$，

$\dfrac{\partial^{2}z}{\partial x\partial y} = f''_{11}\cdot 1 + f''_{12}\cdot\dfrac{1}{x} - \dfrac{1}{x^{2}}f'_{2} - \dfrac{y}{x^{2}}\left[f''_{21}\cdot 1 + f''_{22}\cdot\dfrac{1}{x}\right]$

$= -\dfrac{1}{x^{2}}f'_{2} + f''_{11} + \dfrac{1}{x}f''_{12} - \dfrac{y}{x^{2}}f''_{21} - \dfrac{y}{x^{3}}f''_{22}$

因 f 具有二阶连续偏导数，故 $f''_{12}=f''_{21}$，

从而有 $\dfrac{\partial^2 z}{\partial x \partial y}=-\dfrac{1}{x^2}f'_2+f''_{11}+\left(\dfrac{1}{x}-\dfrac{y}{x^2}\right)f''_{12}-\dfrac{y}{x^3}f''_{22}$.

19. 解：$\iint\limits_{D} x^2 \mathrm{d}x\mathrm{d}y = \int_0^1 \mathrm{d}x \int_0^x x^2 \mathrm{d}y + \int_1^2 \mathrm{d}x \int_0^{\frac{1}{x}} x^2 \mathrm{d}y = \int_0^1 \mathrm{d}x \cdot x^2 y \Big|_0^x + \int_1^2 \mathrm{d}x \cdot x^2 y \Big|_0^{\frac{1}{x}}$

$= \int_0^1 x^3 \mathrm{d}x + \int_1^2 x \mathrm{d}x = \dfrac{1}{4}x^4 \Big|_0^1 + \dfrac{1}{2}x^2 \Big|_1^2 = \dfrac{1}{4} + \dfrac{1}{2}(4-1) = \dfrac{7}{4}$.

20. 解：此方程为一阶线性方程，化成标准形式得 $y' + \dfrac{-2}{x}y = x$，

代入通解公式得通解

$y = \mathrm{e}^{\int \frac{2}{x}\mathrm{d}x}\left[\int x \mathrm{e}^{-\int \frac{2}{x}\mathrm{d}x}\mathrm{d}x + C\right] = \mathrm{e}^{2\ln x}\left[\int x \mathrm{e}^{-2\ln x}\mathrm{d}x + C\right] = x^2\left[\int x \cdot \dfrac{1}{x^2}\mathrm{d}x + C\right]$

$= x^2(\ln|x| + C)$

21. 解：设切点为 $\left(a, \dfrac{1}{a}\right)(a>0)$，$y' = \dfrac{-1}{x^2}$，$k_{切} = y'\Big|_{x=a} = \dfrac{-1}{a^2}$，

所以切线方程为 $y - \dfrac{1}{a} = \dfrac{-1}{a^2}(x-a)$.

令 $x=0$ 得切线在 y 轴上截距 $y = \dfrac{2}{a}$，令 $y=0$ 得切线在 x 轴上截距 $x = 2a$，

则切线在两坐标轴上的截距之和 $l = 2a + \dfrac{2}{a}$.

令 $\dfrac{\mathrm{d}l}{\mathrm{d}a} = 2 - \dfrac{2}{a^2} = 0$ 得唯一驻点 $a=1$，因 $\dfrac{\mathrm{d}^2 l}{\mathrm{d}a^2}\Big|_{a=1} = \dfrac{4}{a^3}\Big|_{a=1} = 4 > 0$，故 $a=1$ 为极小值点，也即为最小值点.

当 $a=1$ 时，切线在两坐标轴上的截距之和 $l=4$.

所以所求切线方程为 $y=-x+2$，切线在两坐标轴上截距之和的最小值为 4.

22. 解：(1) $V_x = \pi \int_0^1 (2x^2)^2 \mathrm{d}x - \pi \int_0^1 (x^2)^2 \mathrm{d}x = \pi \int_0^1 (4x^4 - x^4)\mathrm{d}x = 3\pi \int_0^1 x^4 \mathrm{d}x = \dfrac{3\pi}{5} x^5 \Big|_0^1$

$= \dfrac{3\pi}{5}$；

(2) 依题意有 $\int_0^a (2x^2 - x^2)\mathrm{d}x = \dfrac{1}{2}\int_0^1 (2x^2 - x^2)\mathrm{d}x$

$\int_0^a x^2 \mathrm{d}x = \dfrac{1}{2}\int_0^1 x^2 \mathrm{d}x$

$\dfrac{1}{3}x^3 \Big|_0^a = \dfrac{1}{6}x^3 \Big|_0^1$

$\dfrac{1}{3}a^3 = \dfrac{1}{6}$

$a^3 = \dfrac{1}{2}$ 所以 $a = \dfrac{1}{\sqrt[3]{2}}$.

23. 证明：令 $F(x) = f(x) - f(x+a)$，则 $F(x)$ 在 $[0,a]$ 上连续.

$F(0) = f(0) - f(a) \neq 0, F(a) = f(a) - f(2a) = f(a) - f(0) \neq 0,$

$F(0) \cdot F(a) < 0,$ 由零点定理可知,至少存在一点 $\xi \in (0, a)$ 使 $F(\xi) = 0,$
即 $f(\xi) - f(\xi + a) = 0,$ 所以 $f(\xi) = f(\xi + a), \xi \in (0, a).$

24. 证明:令 $F(x) = 1 - (1-x)e^x, x \in (-\infty, +\infty), F'(x) = e^x - (1-x)e^x = xe^x.$
令 $F'(x) = 0$ 得 $x = 0.$
当 $x < 0$ 时 $F'(x) < 0, F(x)$ 单调递减;当 $x > 0$ 时 $F'(x) > 0, F(x)$ 单调递增,
故 $F(x)$ 在 $x = 0$ 处取得最小值,最小值为 $F(0) = 0.$

从而对任意实数 x 都有 $F(x) \geqslant 0,$ 即 $1 - (1-x)e^x \geqslant 0,$ 所以 $(1-x)e^x \leqslant 1.$

答案解析

2009 年

1. 解:因为 $\lim\limits_{x\to 2}\dfrac{x^2+ax+b}{x-2}=3$ 且 $\lim\limits_{x\to 2}(x-2)=0$,所以必有 $\lim\limits_{x\to 2}(x^2+ax+b)=0$,

 即 $4+2a+b=0$（*）.

 又由洛必达法则有 $\lim\limits_{x\to 2}\dfrac{x^2+ax+b}{x-2}=\lim\limits_{x\to 2}(2x+a)=4+a=3$,所以 $a=-1$,将 $a=-1$ 代入（*）式得 $b=-2$,应选 A.

2. 解:因为 $\lim\limits_{x\to 2}f(x)=\lim\limits_{x\to 2}\dfrac{x^2-3x+2}{x^2-4}=\lim\limits_{x\to 2}\dfrac{2x-3}{2x}=\dfrac{1}{4}$ 存在,所以 $x=2$ 是 $f(x)$ 的可去间断点,应选 B.

3. 解:因为 $f(x)$ 在 $x=0$ 处可导,

 所以 $f'_+(0)=\lim\limits_{x\to 0^+}\dfrac{f(x)-f(0)}{x}=\lim\limits_{x\to 0^+}\dfrac{x^a\sin\dfrac{1}{x}}{x}=\lim\limits_{x\to 0^+}x^{a-1}\sin\dfrac{1}{x}$ 存在.

 故应有 $a-1>0$,即 $a>1$,应选 C.

4. 解:因为 $\lim\limits_{x\to\infty}\dfrac{2x+1}{(x-1)^2}=0$,所以 $y=0$ 是曲线的水平渐近线. 因为 $\lim\limits_{x\to 1}\dfrac{2x+1}{(x-1)^2}=\infty$,所以 $x=1$ 是曲线的垂直渐近线. 故曲线共有两条渐近线. 应选 B.

5. 解:$f(x)=F'(x)=\dfrac{3}{3x+1}$

 $\int f'(2x+1)\mathrm{d}x=\dfrac{1}{2}\int f'(2x+1)\mathrm{d}(2x+1)=\dfrac{1}{2}f(2x+1)+C$

 $=\dfrac{1}{2}\cdot\dfrac{3}{3(2x+1)+1}+C=\dfrac{3}{12x+8}+C$ 应选 D.

6. 解:$\sum\limits_{n=1}^{\infty}\dfrac{n+a}{n^2}=\sum\limits_{n=1}^{\infty}\left[\dfrac{1}{n}+\dfrac{a}{n^2}\right]$

 因 $\sum\limits_{n=1}^{\infty}\dfrac{1}{n}$ 发散,$\sum\limits_{n=1}^{\infty}\dfrac{a}{n^2}$ 收敛,由级数性质可知 $\sum\limits_{n=1}^{\infty}\dfrac{n+a}{n^2}$ 发散. 应选 C.

7. 解:因为 $\lim\limits_{x\to\infty}\left(\dfrac{x}{x-c}-1\right)\cdot x=\lim\limits_{x\to\infty}\dfrac{c\cdot x}{x-c}=c$,

 所以 $\lim\limits_{x\to\infty}\left(\dfrac{x}{x-c}\right)^x=\mathrm{e}^c$. 由 $\mathrm{e}^c=2$ 解得 $c=\ln 2$,应填 $\ln 2$.

8. 解:$\varphi'(x)=(2x)\mathrm{e}^{2x}\cdot(2x)'=4x\mathrm{e}^{2x}$,应填 $4x\mathrm{e}^{2x}$.

9. 解:$\boldsymbol{a}+\boldsymbol{b}=(2,-2,0)$,$\cos(\boldsymbol{a}+\boldsymbol{b}\wedge\boldsymbol{a})=\dfrac{(\boldsymbol{a}+\boldsymbol{b})\cdot\boldsymbol{a}}{|\boldsymbol{a}+\boldsymbol{b}||\boldsymbol{a}|}=\dfrac{2}{\sqrt{8}\cdot\sqrt{2}}=\dfrac{1}{2}$,

 所以 $\boldsymbol{a}+\boldsymbol{b}$ 与 $\boldsymbol{a}$ 的夹角为 $\dfrac{\pi}{3}$,应填 $\dfrac{\pi}{3}$.

10. 解:方程两边对 x 求偏导数得 $z^2+2xz\dfrac{\partial z}{\partial x}+y\dfrac{\partial z}{\partial x}=0$,

 所以 $\dfrac{\partial z}{\partial x}=\dfrac{-z^2}{2xz+y}$,应填 $\dfrac{\partial z}{\partial x}=\dfrac{-z^2}{2xz+y}$.

11. 解：令 $\lim\limits_{n\to\infty}\left|\dfrac{u_{n+1}(x)}{u_n(x)}\right|=\lim\limits_{n\to\infty}\left|\dfrac{a^{n+1}\cdot x^{n+1}}{(n+1)^2}\cdot\dfrac{n^2}{a^n x^n}\right|=a|x|<1$，解得 $-\dfrac{1}{a}<x<\dfrac{1}{a}$，

故收敛半径 $R=\dfrac{1}{a}$，由 $\dfrac{1}{a}=\dfrac{1}{2}$ 得 $a=2$. 应填 2.

12. 解：分离变量得 $\left(\dfrac{2}{y}-1\right)\mathrm{d}y=\left(\dfrac{1}{x}+x\right)\mathrm{d}x$，

两边积分得通解 $2\ln|y|-y=\ln|x|+\dfrac{1}{2}x^2+C$.

应填 $2\ln|y|-y=\ln|x|+\dfrac{1}{2}x^2+C$.

13. 解：$\lim\limits_{x\to 0}\dfrac{x^3}{x-\sin x}=\lim\limits_{x\to 0}\dfrac{3x^2}{1-\cos x}=\lim\limits_{x\to 0}\dfrac{3x^2}{\frac{1}{2}x^2}=6$.

14. 解：$\dfrac{\mathrm{d}x}{\mathrm{d}t}=\dfrac{1}{1+t}$，$\dfrac{\mathrm{d}y}{\mathrm{d}t}=2(t+1)$，

$\dfrac{\mathrm{d}y}{\mathrm{d}x}=\dfrac{\mathrm{d}y}{\mathrm{d}t}\Big/\dfrac{\mathrm{d}x}{\mathrm{d}t}=2(t+1)^2$，$\dfrac{\mathrm{d}^2 y}{\mathrm{d}x^2}=[2(t+1)^2]'_t\cdot\dfrac{1}{\frac{\mathrm{d}x}{\mathrm{d}t}}=4t(t+1)^2$.

15. 解：令 $\sqrt{2x+1}=t$，则 $x=\dfrac{t^2-1}{2}$.

$\int\sin\sqrt{2x+1}\,\mathrm{d}x=\int\sin t\,\mathrm{d}\dfrac{t^2-1}{2}=\int t\sin t\,\mathrm{d}t=-\int t\,\mathrm{d}\cos t=-t\cos t+\int\cos t\,\mathrm{d}t$

$=-t\cos t+\sin t+C=-\sqrt{2x+1}\cos\sqrt{2x+1}+\sin\sqrt{2x+1}+C$.

16. 解：令 $x=\sqrt{2}\sin t$，当 $x=0$ 时 $t=0$，当 $x=1$ 时 $t=\dfrac{\pi}{4}$.

$\int_0^1\dfrac{x^2}{\sqrt{2-x^2}}\mathrm{d}x=\int_0^{\frac{\pi}{4}}\dfrac{2\sin^2 t}{\sqrt{2}\cos t}\mathrm{d}\sqrt{2}\sin t=2\int_0^{\frac{\pi}{4}}\sin^2 t\,\mathrm{d}t=\int_0^{\frac{\pi}{4}}(1-\cos 2t)\mathrm{d}t$

$=\left(t-\dfrac{1}{2}\sin 2t\right)\Big|_0^{\frac{\pi}{4}}=\dfrac{\pi}{4}-\dfrac{1}{2}$.

17. 解：已知直线的方向向量 $\boldsymbol{s}=(3,2,1)$，已知平面的法向量 $\boldsymbol{n}=(1,1,1)$，所求平面法向量 $\boldsymbol{n}_1\perp\boldsymbol{s}$，$\boldsymbol{n}_1\perp\boldsymbol{n}$，所以可取 $\boldsymbol{n}_1=\boldsymbol{s}\times\boldsymbol{n}=\begin{vmatrix}\boldsymbol{i}&\boldsymbol{j}&\boldsymbol{k}\\3&2&1\\1&1&1\end{vmatrix}=\boldsymbol{i}-2\boldsymbol{j}+\boldsymbol{k}$，又已知直线上的点 $(0,1,2)$ 在所求平面上，故所求平面方程为 $x-2(y-1)+(z-2)=0$，即 $x-2y+z=0$.

18. 解：$\iint\limits_D y\,\mathrm{d}x\,\mathrm{d}y=\int_{\frac{\pi}{4}}^{\frac{\pi}{2}}\mathrm{d}\theta\int_{\sqrt{2}}^{\frac{2}{\sin\theta}}r\sin\theta\cdot r\,\mathrm{d}r=\int_{\frac{\pi}{4}}^{\frac{\pi}{2}}\mathrm{d}\theta\cdot\sin\theta\cdot\dfrac{1}{3}r^3\Big|_{\sqrt{2}}^{\frac{2}{\sin\theta}}$

$=\dfrac{1}{3}\int_{\frac{\pi}{4}}^{\frac{\pi}{2}}\left(\dfrac{8}{\sin^2\theta}-2\sqrt{2}\sin\theta\right)\mathrm{d}\theta=\dfrac{1}{3}(-8\cot\theta+2\sqrt{2}\cos\theta)\Big|_{\frac{\pi}{4}}^{\frac{\pi}{2}}=2$.

19. 解：$\dfrac{\partial z}{\partial x}=\cos x\,f'_1+y f'_2$，

$\dfrac{\partial^2 z}{\partial x\partial y}=\cos x[f''_{11}\cdot 0+f''_{12}\cdot x]+f'_2+y[f''_{21}\cdot 0+f''_{22}\cdot x]=f'_2+x\cos x f''_{12}+xy f''_{22}$.

20. 解:对应齐次方程为 $y''-y'=0$,特征方程 $r^2-r=0$,特征根 $r_1=0, r_2=1$,其通解 $\bar{y}=C_1+C_2\mathrm{e}^x$. 设原方程的一个特解 $y^*=x(ax+b)=ax^2+bx$,则 $y^{*'}=2ax+b, y^{*''}=2a$.

将 y^* 代入原方程得 $2a-2ax-b=x$,

比较两边同类项系数得 $-2a=1$,所以 $a=-\dfrac{1}{2}, b=-1$.

故 $y^*=-\dfrac{1}{2}x^2-x$,原方程通解 $y=\bar{y}+y^*=c_1+c_2\mathrm{e}^x-\dfrac{1}{2}x^2-x$.

21. 解:$f(x)$ 的定义域为 $(-\infty,+\infty)$.

(1) $f'(x)=3x^2-3$,令 $f'(x)=0$ 得 $x=-1, x=1$.

x	$(-\infty,-1)$	-1	$(-1,1)$	1	$(1,+\infty)$
$f'(x)$	$+$	0	$-$	0	$+$
$f(x)$	↗	3	↘	-1	↗

由上表可知,$f(x)$ 的单调递增区间是 $(-\infty,-1), (1,+\infty)$,单调递减区间是 $(-1,1)$,极大值 $f(-1)=3$,极小值 $f(1)=-1$;

(2) $f''(x)=6x$,令 $f''(x)=0$ 得 $x=0$.

x	$(-\infty,0)$	0	$(0,+\infty)$
$f''(x)$	$-$	0	$+$
$y=f(x)$	∩	拐点 $(0,1)$	∪

由上表可知,曲线的凸区间是 $(-\infty,0)$,凹区间是 $(0,+\infty)$,拐点为 $(0,1)$;

(3) 因为 $f(-1)=3, f(1)=-1, f(-2)=-1, f(3)=19$,

所以 $f(x)$ 在 $[-2,3]$ 上的最大值为 $f(3)=19$,最小值为 $f(-2)=f(1)=-1$.

22. 解:(1) $V_1=\pi\displaystyle\int_0^{2a^2}a^2\mathrm{d}y-\pi\int_0^{2a^2}\dfrac{y}{2}\mathrm{d}y=\pi a^2 y\Big|_0^{2a^2}-\dfrac{1}{4}\pi y^2\Big|_0^{2a^2}=2\pi a^4-\pi a^4=\pi a^4$,

$V_2=\displaystyle\int_a^2 \pi(2x^2)^2\mathrm{d}x=4\pi\int_a^2 x^4\mathrm{d}x=\dfrac{4\pi}{5}x^5\Big|_a^2=\dfrac{4\pi}{5}(32-a^5)$;

(2) D_1 的面积 $S_1=\displaystyle\int_0^a 2x^2\mathrm{d}x=\dfrac{2}{3}x^3\Big|_0^a=\dfrac{2}{3}a^3$,

D_1+D_2 的面积 $S=\displaystyle\int_0^2 2x^2\mathrm{d}x=\dfrac{2}{3}x^3\Big|_0^2=\dfrac{16}{3}$,

依题意应有 $S_1=\dfrac{1}{2}S$,即 $\dfrac{2}{3}a^3=\dfrac{8}{3}$,所以 $a=\sqrt[3]{4}$.

23. 解:证明:$f(0)=1$,

$f(0-0)=\lim\limits_{x\to 0^-}f(x)=\lim\limits_{x\to 0^-}\mathrm{e}^{-x}=1, f(0+0)=\lim\limits_{x\to 0^+}f(x)=\lim\limits_{x\to 0^+}(1+x)=1$.

因为 $f(0)=f(0-0)=f(0+0)$,所以 $f(x)$ 在 $x=0$ 处连续.

$f'_-(0)=\lim\limits_{x\to 0^-}\dfrac{f(x)-f(0)}{x}=\lim\limits_{x\to 0^-}\dfrac{\mathrm{e}^{-x}-1}{x}=\lim\limits_{x\to 0^-}\dfrac{-x}{x}=-1$,

$$f'_+(0)=\lim_{x\to 0^+}\frac{f(x)-f(0)}{x}=\lim_{x\to 0^+}\frac{1+x-1}{x}=1,$$

因为 $f'_-(0)\neq f'_+(0)$，所以 $f(x)$ 在 $x=0$ 处不可导．

24. 证明：令 $F(x)=4x\ln x-x^2-2x+3$，则 $F(1)=0$．

    $F'(x)=4\ln x+4-2x-2=4\ln x-2x+2$，$F'(1)=0$，

    $F''(x)=\dfrac{4}{x}-2=\dfrac{4-2x}{x}$．

    当 $1<x<2$ 时 $F''(x)>0$，所以 $F'(x)$ 单调递增，$F'(x)>F'(1)=0$．

    由 $F'(x)>0$ 又可知 $F(x)$ 单调递增，从而 $F(x)>F(0)=0$，

    即 $4x\ln x-x^2-2x+3>0$，所以 $4x\ln x>x^2+2x-3$．

2010 年

1. 解：因为 $\lim\limits_{x\to 0}\dfrac{x-\sin x}{ax^n}=\lim\limits_{x\to 0}\dfrac{1-\cos x}{anx^{n-1}}=\lim\limits_{x\to 0}\dfrac{\frac{1}{2}x^2}{anx^{n-1}}=\dfrac{1}{2an}\lim\limits_{x\to 0}x^{3-n}=1$,

   所以必有 $3-n=0$，所以 $n=3$.

   当 $n=3$ 时，$\lim\limits_{x\to 0}\dfrac{x-\sin x}{ax^n}=\dfrac{1}{2an}=1$，所以 $a=\dfrac{1}{6}$，应选 A．

2. 解：因为 $\lim\limits_{x\to\infty}\dfrac{x^2-3x+4}{x^2-5x+6}=1$，所以 $y=1$ 是曲线的水平渐近线；

   因为 $\lim\limits_{x\to 2}\dfrac{x^2-3x+4}{x^2-5x+6}=\infty$，所以 $x=2$ 是曲线的垂直渐近线；

   因为 $\lim\limits_{x\to 3}\dfrac{x^2-3x+4}{x^2-5x+6}=\infty$，所以 $x=3$ 是曲线的垂直渐近线．

   故曲线共有三条渐近线，应选 C．

3. 解：$\Phi'(x)=-\mathrm{e}^{x^2}\cos x^2\cdot(x^2)'=-2x\mathrm{e}^{x^2}\cos x^2$，应选 B．

4. 解：对于 A，因为 $\lim\limits_{n\to\infty}\dfrac{n}{n+1}=1\neq 0$，所以 $\sum\limits_{n=1}^{\infty}\dfrac{n}{n+1}$ 发散；

   对于 B，取 $\sum\limits_{n=1}^{\infty}V_n=\sum\limits_{n=1}^{\infty}\dfrac{2}{n}$，因为 $\sum\limits_{n=1}^{\infty}\dfrac{2}{n}$ 发散，所以 $\sum\limits_{n=1}^{\infty}\dfrac{2n+1}{n^2+n}$ 发散；

   对于 C，$\sum\limits_{n=1}^{\infty}\dfrac{1+(-1)^n}{\sqrt{n}}=\sum\limits_{n=1}^{\infty}\left(\dfrac{1}{\sqrt{n}}+\dfrac{(-1)^n}{\sqrt{n}}\right)$,

   因 $\sum\limits_{n=1}^{\infty}\dfrac{1}{\sqrt{n}}$ 发散，$\sum\limits_{n=1}^{\infty}\dfrac{(-1)^n}{\sqrt{n}}$ 收敛，故由级数性质可知 $\sum\limits_{n=1}^{\infty}\dfrac{1+(-1)^n}{\sqrt{n}}$ 发散；

   对于 D，由比值法有 $\lim\limits_{n\to\infty}\dfrac{u_{n+1}}{u_n}=\lim\limits_{n\to\infty}\dfrac{(n+1)^2}{2^{n+1}}\cdot\dfrac{2^n}{n^2}=\dfrac{1}{2}<1$，所以 $\sum\limits_{n=1}^{\infty}\dfrac{n^2}{2^n}$ 收敛．应选 D．

5. 解：题中二次积分区域为 $D:\begin{cases}1\leqslant x\leqslant y+1\\ 0\leqslant y\leqslant 1\end{cases}$

   交换积分次序得 $\int_1^2\mathrm{d}x\int_{x-1}^1 f(x,y)\mathrm{d}y$，应选 D．

6. 解：$f'(x)=3x^2-3$，$f''(x)=6x$．

   当 $x\in(0,1)$ 时，$f'(x)<0$，故函数单调递减；

   当 $x\in(0,1)$ 时，$f''(x)>0$，故函数的图形是凹的．综上可知应选 C．

7. 解：因为 $\lim\limits_{x\to\infty}\left(\dfrac{x+1}{x-1}-1\right)\cdot x=\lim\limits_{x\to\infty}\dfrac{2x}{x-1}=2$，所以 $\lim\limits_{x\to\infty}\left(\dfrac{x+1}{x-1}\right)^x=\mathrm{e}^2$，应填 e^2．

8. 解：$\lim\limits_{x\to 0}\dfrac{f(x)-f(-x)}{x}=\lim\limits_{x\to 0}\dfrac{f(0+x)-f(0-x)}{x}=[1-(-1)]f'(0)=2f'(0)=2$,

   应填 2．

9. 解：$\int_{-1}^1\dfrac{x^3+1}{x^2+1}\mathrm{d}x=\int_{-1}^1\dfrac{x^3}{x^2+1}\mathrm{d}x+\int_{-1}^1\dfrac{1}{x^2+1}\mathrm{d}x=0+2\int_0^1\dfrac{1}{x^2+1}\mathrm{d}x=2\arctan x\Big|_0^1=\dfrac{\pi}{2}$,

应填 $\dfrac{\pi}{2}$.

10. 解:因为 a 与 b 垂直,所以 $a \cdot b = 0$,即 $1 \times 2 + 2 \times 5 + 3k = 0, k = -4$,应填 -4.

11. 解: $z = \ln\sqrt{x^2 + 4y} = \dfrac{1}{2}\ln(x^2 + 4y)$,

$$\dfrac{\partial z}{\partial x} = \dfrac{1}{2} \cdot \dfrac{2x}{x^2 + 4y} = \dfrac{x}{x^2 + 4y}, \dfrac{\partial z}{\partial y} = \dfrac{1}{2} \cdot \dfrac{4}{x^2 + 4y} = \dfrac{2}{x^2 + 4y},$$

$$\mathrm{d}z\bigg|_{\substack{x=1\\y=0}} = \dfrac{\partial z}{\partial x}\bigg|_{\substack{x=1\\y=0}} \mathrm{d}x + \dfrac{\partial z}{\partial y}\bigg|_{\substack{x=1\\y=0}} \mathrm{d}y = \dfrac{x}{x^2 + 4y}\bigg|_{\substack{x=1\\y=0}} \mathrm{d}x + \dfrac{2}{x^2 + 4y}\bigg|_{\substack{x=1\\y=0}} \mathrm{d}y = \mathrm{d}x + 2\mathrm{d}y,$$

应填 $\mathrm{d}x + 2\mathrm{d}y$.

12. 解:令 $\lim\limits_{n\to\infty}\left|\dfrac{u_{n+1}(x)}{u_n(x)}\right| = \lim\limits_{n\to\infty}\left|\dfrac{x^{n+1}}{n+1} \cdot \dfrac{n}{x^n}\right| = |x| < 1$ 得 $-1 < x < 1$.

当 $x = -1$ 时级数为 $\sum\limits_{n=1}^{\infty}\dfrac{1}{n}$,发散;当 $x = 1$ 时级数为 $\sum\limits_{n=1}^{\infty}\dfrac{(-1)^n}{n}$,收敛.

故收敛域为 $(-1, 1]$,应填 $(-1, 1]$.

13. 解: $\lim\limits_{x\to 0}\left(\dfrac{1}{x\tan x} - \dfrac{1}{x^2}\right) = \lim\limits_{x\to 0}\dfrac{x - \tan x}{x^2 \tan x} = \lim\limits_{x\to 0}\dfrac{x - \tan x}{x^3} = \lim\limits_{x\to 0}\dfrac{1 - \dfrac{1}{\cos^2 x}}{3x^2}$

$= \lim\limits_{x\to 0}\dfrac{\cos^2 x - 1}{3x^2 \cos^2 x} = \lim\limits_{x\to 0}\dfrac{\cos^2 x - 1}{3x^2} = \lim\limits_{x\to 0}\dfrac{-2\cos x \cdot \sin x}{6x} = -\dfrac{1}{3}\lim\limits_{x\to 0}\dfrac{x\cos x}{x} = -\dfrac{1}{3}$.

14. 解:方程两边对 x 求导得 $\dfrac{\mathrm{d}y}{\mathrm{d}x} + \mathrm{e}^{x+y}\left(1 + \dfrac{\mathrm{d}y}{\mathrm{d}x}\right) = 2$, ①

①式两边再对 x 求导得 $\dfrac{\mathrm{d}^2 y}{\mathrm{d}x^2} + \mathrm{e}^{x+y}\left(1 + \dfrac{\mathrm{d}y}{\mathrm{d}x}\right)^2 + \mathrm{e}^{x+y} \cdot \dfrac{\mathrm{d}^2 y}{\mathrm{d}x^2} = 0$, ②

由②式得 $\dfrac{\mathrm{d}^2 y}{\mathrm{d}x^2} = \dfrac{-\mathrm{e}^{x+y}\left(1 + \dfrac{\mathrm{d}y}{\mathrm{d}x}\right)^2}{1 + \mathrm{e}^{x+y}}$, ③

而由①式解得 $\dfrac{\mathrm{d}y}{\mathrm{d}x} = \dfrac{2 - \mathrm{e}^{x+y}}{1 + \mathrm{e}^{x+y}}$ 代入③式得

$$\dfrac{\mathrm{d}^2 y}{\mathrm{d}x^2} = \dfrac{-\mathrm{e}^{x+y}\left(1 + \dfrac{2 - \mathrm{e}^{x+y}}{1 + \mathrm{e}^{x+y}}\right)^2}{1 + \mathrm{e}^{x+y}} = \dfrac{-9\mathrm{e}^{x+y}}{(1 + \mathrm{e}^{x+y})^3}.$$

15. 解: $\displaystyle\int x \arctan x \,\mathrm{d}x = \dfrac{1}{2}\int \arctan x \,\mathrm{d}x^2 = \dfrac{1}{2}x^2 \arctan x - \dfrac{1}{2}\int x^2 \,\mathrm{d}(\arctan x)$

$= \dfrac{1}{2}x^2 \arctan x - \dfrac{1}{2}\displaystyle\int \dfrac{x^2}{1 + x^2}\mathrm{d}x = \dfrac{1}{2}x^2 \arctan x - \dfrac{1}{2}\displaystyle\int \dfrac{x^2 + 1 - 1}{1 + x^2}\mathrm{d}x$

$= \dfrac{1}{2}x^2 \arctan x - \dfrac{1}{2}\displaystyle\int \mathrm{d}x + \dfrac{1}{2}\displaystyle\int \dfrac{1}{1 + x^2}\mathrm{d}x$

$= \dfrac{1}{2}x^2 \arctan x - \dfrac{1}{2}x + \dfrac{1}{2}\arctan x + C$.

16. 解：令 $\sqrt{2x+1}=t$，则 $x=\dfrac{t^2-1}{2}$.

当 $x=0$ 时 $t=1$；当 $x=4$ 时 $t=3$，

$$\int_0^4 \dfrac{x+3}{\sqrt{2x+1}}\mathrm{d}x=\int_1^3 \dfrac{\dfrac{t^2-1}{2}+3}{t}\mathrm{d}\left(\dfrac{t^2-1}{2}\right)=\dfrac{1}{2}\int_1^3(t^2+5)\mathrm{d}t=\left(\dfrac{1}{6}t^3+\dfrac{5}{2}t\right)\Big|_1^3=\dfrac{28}{3}.$$

17. 解：已知直线的方向向量 $\boldsymbol{s}=(1,2,3)$，平面的法向量 $\boldsymbol{n}=(2,0,-1)$，

所求直线的方向向量 $\boldsymbol{s}_1 \perp \boldsymbol{s}$，$\boldsymbol{s}_1 \perp \boldsymbol{n}$，

故可取 $\boldsymbol{s}_1=\boldsymbol{s}\times\boldsymbol{n}=\begin{vmatrix} \boldsymbol{i} & \boldsymbol{j} & \boldsymbol{k} \\ 1 & 2 & 3 \\ 2 & 0 & -1 \end{vmatrix}=-2\boldsymbol{i}+7\boldsymbol{j}-4\boldsymbol{k}$.

又所求直线过点 $(1,1,1)$，故其方程为 $\dfrac{x-1}{-2}=\dfrac{y-1}{7}=\dfrac{z-1}{-4}$.

18. 解：$\dfrac{\partial z}{\partial x}=y^2(yf_1'+\mathrm{e}^x f_2')=y^3 f_1'+y^2\mathrm{e}^x f_2'$，

$\dfrac{\partial^2 z}{\partial x \partial y}=3y^2 f_1'+y^3(f_{11}''\cdot x+f_{12}''\cdot 0)+2y\mathrm{e}^x f_2'+y^2\mathrm{e}^x(f_{21}''\cdot x+f_{22}''\cdot 0)$

$=3y^2 f_1'+2y\mathrm{e}^x f_2'+xy^3 f_{11}''+xy^2\mathrm{e}^x f_{21}''$.

19. 解：$\iint\limits_D x\,\mathrm{d}x\,\mathrm{d}y=\int_0^{\frac{\pi}{4}}\mathrm{d}\theta\int_0^1 r\cos\theta\cdot r\,\mathrm{d}r=\int_0^{\frac{\pi}{4}}\mathrm{d}\theta\cos\theta\cdot\dfrac{1}{3}r^3\Big|_0^1=\dfrac{1}{3}\int_0^{\frac{\pi}{4}}\cos\theta\,\mathrm{d}\theta=\dfrac{1}{3}\sin\theta\Big|_0^{\frac{\pi}{4}}=\dfrac{\sqrt{2}}{6}$.

20. 解：因 $y=\mathrm{e}^x$，$y=\mathrm{e}^{-2x}$ 是 $y''+py'+qy=0$ 的两个解，故该微分方程的特征根为 $r_1=1$，$r_2=-2$，特征方程为 $(r-1)(r+2)=0$，即 $r^2+r-2=0$，由此可知 $p=1$，$q=-2$.

设微分方程 $y''+y'-2y=\mathrm{e}^x$ 的一个特解 $y^*=Ax\mathrm{e}^x$，则 $y^{*'}=A\mathrm{e}^x+Ax\mathrm{e}^x$，$y^{*''}=2A\mathrm{e}^x+Ax\mathrm{e}^x$.

将 y^* 代入微分方程得 $2A\mathrm{e}^x+Ax\mathrm{e}^x+A\mathrm{e}^x+Ax\mathrm{e}^x-2Ax\mathrm{e}^x=\mathrm{e}^x$，

即 $3A\mathrm{e}^x=\mathrm{e}^x$，所以 $A=\dfrac{1}{3}$，$y^*=\dfrac{1}{3}x\mathrm{e}^x$.

所求微分方程的通解为 $y=\bar{y}+y^*=C_1\mathrm{e}^x+C_2\mathrm{e}^{2x}+\dfrac{1}{3}x\mathrm{e}^x$.

21. 证明：令 $F(x)=\mathrm{e}^{x-1}-\dfrac{1}{2}x^2-\dfrac{1}{2}$，则 $F(1)=0$，

$F'(x)=\mathrm{e}^{x-1}-x$，$F'(1)=0$，

$F''(x)=\mathrm{e}^{x-1}-1$，

当 $x>1$ 时 $F''(x)>0$，故 $F'(x)$ 单调递增，$F'(x)>F'(1)=0$，

由 $F'(x)>0$ 又可知 $F(x)$ 单调递增，从而有 $F(x)>F(1)=0$，

即 $\mathrm{e}^{x-1}-\dfrac{1}{2}x^2-\dfrac{1}{2}>0$，所以 $\mathrm{e}^{x-1}>\dfrac{1}{2}x^2+\dfrac{1}{2}$.

22. 证明：因为 $f'(0)=\lim\limits_{x\to 0}\dfrac{f(x)-f(0)}{x}=\lim\limits_{x\to 0}\dfrac{\dfrac{\varphi(x)}{x}-1}{x}=\lim\limits_{x\to 0}\dfrac{\varphi(x)-x}{x^2}=\lim\limits_{x\to 0}\dfrac{\varphi'(x)-1}{2x}=$

$\lim\limits_{x\to 0}\dfrac{\varphi''(x)}{2}=\dfrac{1}{2}\varphi''(0)$,所以 $f(x)$ 在 $x=0$ 处可导. 又因可导必连续,故 $f(x)$ 在 $x=0$ 处连续.

23. 解:$V_1(a)=\pi\int_0^a (a^2)^2 \mathrm{d}x - \pi\int_0^a (x^2)^2 \mathrm{d}x = \pi a^4 x\Big|_0^a - \dfrac{1}{5}\pi x^5\Big|_0^a = \dfrac{4}{5}\pi a^5$,

$V_2(a)=\pi\int_a^1 (x^2)^2 \mathrm{d}x - \pi\int_a^1 (a^2)^2 \mathrm{d}x = \dfrac{1}{5}\pi x^5\Big|_a^1 - \pi a^4 x\Big|_a^1 = \left(\dfrac{1}{5}+\dfrac{4}{5}a^5 - a^4\right)\pi$,

$V(a)=V_1(a)+V_2(a)=\left(\dfrac{1}{5}+\dfrac{8}{5}a^5 - a^4\right)\pi$.

令 $\dfrac{\mathrm{d}V(a)}{\mathrm{d}a}=(8a^4-4a^3)\pi=0$,得 $a=\dfrac{1}{2}, a=0$(舍去).

因 $\dfrac{\mathrm{d}^2 V(a)}{\mathrm{d}a^2}\Big|_{a=\frac{1}{2}}=(32a^3-12a^2)\pi\Big|_{a=\frac{1}{2}}>0$,故 $V(a)$ 当 $a=\dfrac{1}{2}$ 时取得最小值.

24. 解:$f'(x)+f(x)=2\mathrm{e}^x$ 是一阶线性方程,

其通解为 $f(x)=\mathrm{e}^{-\int \mathrm{d}x}\left[\int 2\mathrm{e}^x \cdot \mathrm{e}^{\int \mathrm{d}x}\mathrm{d}x + C\right]=\mathrm{e}^{-x}\left[2\int \mathrm{e}^{2x}\mathrm{d}x + C\right]=\mathrm{e}^{-x}(\mathrm{e}^{2x}+C)=\mathrm{e}^x+C\mathrm{e}^{-x}$.

由 $f(0)=2$ 有 $2=1+C$,所以 $C=1, f(x)=\mathrm{e}^x+\mathrm{e}^{-x}$,

$y=\dfrac{f'(x)}{f(x)}=\dfrac{\mathrm{e}^x-\mathrm{e}^{-x}}{\mathrm{e}^x+\mathrm{e}^{-x}}=\dfrac{\mathrm{e}^{2x}-1}{\mathrm{e}^{2x}+1}=\dfrac{\mathrm{e}^{2x}+1-2}{\mathrm{e}^{2x}+1}=1-\dfrac{2}{\mathrm{e}^{2x}+1}$.

$A(t)=\int_0^t \left[1-\left(1-\dfrac{2}{\mathrm{e}^{2x}+1}\right)\right]\mathrm{d}x = 2\int_0^t \dfrac{1}{\mathrm{e}^{2x}+1}\mathrm{d}x = 2\int_0^t \dfrac{\mathrm{e}^{2x}+1-\mathrm{e}^{2x}}{\mathrm{e}^{2x}+1}\mathrm{d}x$

$= 2\int_0^t \mathrm{d}x - 2\int_0^t \dfrac{\mathrm{e}^{2x}}{\mathrm{e}^{2x}+1}\mathrm{d}x = 2x\Big|_0^t - \int_0^t \dfrac{1}{\mathrm{e}^{2x}+1}\mathrm{d}(\mathrm{e}^{2x}+1) = 2t-\ln(\mathrm{e}^{2x}+1)\Big|_0^t$

$= 2t-\ln(\mathrm{e}^{2t}+1)+\ln 2 = \ln \mathrm{e}^{2t}-\ln(\mathrm{e}^{2t}+1)+\ln 2 = \ln\dfrac{\mathrm{e}^{2t}}{\mathrm{e}^{2t}+1}+\ln 2$

故 $\lim\limits_{t\to +\infty} A(t)=\lim\limits_{t\to +\infty}\left[\ln\dfrac{\mathrm{e}^{2t}}{\mathrm{e}^{2t}+1}+\ln 2\right]=\ln 2$.

答案解析

2011 年

1. 解:因为 $\lim\limits_{x\to 0}\dfrac{e^x-x-1}{x^2}=\lim\limits_{x\to 0}\dfrac{e^x-1}{2x}=\lim\limits_{x\to 0}\dfrac{x}{2x}=\dfrac{1}{2}$,所以当 $x\to 0$ 时,$f(x)$ 与 $g(x)$ 是同阶无穷小. 应选 C.

2. 解:$\lim\limits_{h\to 0}\dfrac{f(x_0-h)-f(x_0+h)}{h}=(-1-1)f'(x_0)=-2f'(x_0)=4$,所以 $f'(x_0)=-2$,应选 B.

3. 解:$y'=3ax^2-2bx$,$y''=6ax-2b$. 因 $(1,-2)$ 是曲线的拐点,故应有 $\begin{cases} y''|_{x=1}=0 \\ y|_{x=1}=-2 \end{cases}$,即 $\begin{cases} 6a-2b=0 \\ a-b=-2 \end{cases}$,解得 $a=1,b=3$,应选 A.

4. 解:方程两边对 y 求偏导数得 $3z^2\dfrac{\partial z}{\partial y}-3z-3y\dfrac{\partial z}{\partial y}=0$,所以 $\dfrac{\partial z}{\partial y}=\dfrac{z}{z^2-y}$,$\dfrac{\partial z}{\partial y}\Big|_{\substack{x=0\\y=0}}=\dfrac{z}{z^2-y}\Big|_{\substack{x=0\\y=0}}=\dfrac{1}{z}$,而由原方程可知,当 $x=0,y=0$ 时 $z=2$,
故 $\dfrac{\partial z}{\partial y}\Big|_{\substack{x=0\\y=0}}=\dfrac{1}{z}\Big|_{z=2}=\dfrac{1}{2}$,应选 B.

5. 解:二重积分的积分域 $D:\begin{cases} y+1\leqslant x\leqslant 2 \\ 0\leqslant y\leqslant 1 \end{cases}$,
区域 D 可表示为 $\{(x,y)\mid 1\leqslant x\leqslant 2,0\leqslant y\leqslant x-1\}$,应选 D.

6. 解:$f(x)=\dfrac{1}{2+x}=\dfrac{1}{2}\cdot\dfrac{1}{1+\dfrac{x}{2}}=\dfrac{1}{2}\sum\limits_{n=0}^{\infty}(-1)^n\left(\dfrac{x}{2}\right)^n=\sum\limits_{n=0}^{\infty}\dfrac{(-1)^n}{2^{n+1}}\cdot x^n$,
故 $f(x)=\sum\limits_{n=0}^{\infty}a_n x^n(-2<x<2)$ 中系数 $a_n=\dfrac{(-1)^n}{2^{n+1}}$,应选 D.

7. 解:因为 $\lim\limits_{x\to\infty}\left(\dfrac{x-2}{x}-1\right)\cdot kx=\lim\limits_{x\to\infty}\dfrac{-2kx}{x}=-2k$,所以 $\lim\limits_{x\to\infty}\left(\dfrac{x-2}{x}\right)^{kx}=e^{-2k}$.
由 $e^{-2k}=e^2$ 得 $k=-1$,应填 -1.

8. 解:$\Phi'(x)=\ln(1+x^2)\cdot(x^2)'=2x\ln(1+x^2)$,$\Phi''(x)=2\ln(1+x^2)+\dfrac{4x^2}{1+x^2}$,
所以 $\Phi''(1)=2\ln(2)+2$,应填 $2\ln(2)+2$.

9. 解:由 $\boldsymbol{a}\cdot\boldsymbol{b}=|\boldsymbol{a}||\boldsymbol{b}|\cos(\boldsymbol{a}\wedge\boldsymbol{b})=4\cos(\boldsymbol{a}\wedge\boldsymbol{b})=2$,可知 $\cos(\boldsymbol{a}\wedge\boldsymbol{b})=\dfrac{1}{2}$,
$(\boldsymbol{a}\wedge\boldsymbol{b})=\dfrac{\pi}{3}$,于是 $|\boldsymbol{a}\times\boldsymbol{b}|=|\boldsymbol{a}||\boldsymbol{b}|\sin(\boldsymbol{a}\wedge\boldsymbol{b})=4\sin\dfrac{\pi}{3}=2\sqrt{3}$,应填 $2\sqrt{3}$.

10. 解:$y'=\dfrac{1}{1+x}\cdot\dfrac{1}{2\sqrt{x}}$,$dy=\dfrac{1}{2\sqrt{x}(1+x)}dx$,$dy|_{x=1}=\dfrac{1}{2\sqrt{x}(1+x)}\Big|_{x=1}dx=\dfrac{1}{4}dx$.
应填 $\dfrac{1}{4}dx$.

11. 解：$\int_{-\frac{\pi}{2}}^{\frac{\pi}{2}}(x^3+1)\sin^2 x\,dx = \int_{-\frac{\pi}{2}}^{\frac{\pi}{2}} x^3\sin^2 x\,dx + \int_{-\frac{\pi}{2}}^{\frac{\pi}{2}}\sin^2 x\,dx$

$= 0 + 2\int_0^{\frac{\pi}{2}}\sin^2 x\,dx = \int_0^{\frac{\pi}{2}}(1-\cos 2x)\,dx = \left(x - \frac{1}{2}\sin 2x\right)\Big|_0^{\frac{\pi}{2}} = \frac{\pi}{2}$，应填 $\frac{\pi}{2}$.

12. 解：令 $\lim_{n\to\infty}\left|\dfrac{u_{n+1}(x)}{u_n(x)}\right| = \lim_{n\to\infty}\left|\dfrac{x^{n+1}}{\sqrt{n+2}}\cdot\dfrac{\sqrt{n+1}}{x^n}\right| = |x| < 1$ 得 $-1 < x < 1$.

当 $x = -1$ 时级数为 $\sum_{n=1}^{\infty}\dfrac{(-1)^n}{\sqrt{n+1}}$，收敛；当 $x = 1$ 时级数为 $\sum_{n=1}^{\infty}\dfrac{1}{\sqrt{n+1}}$，发散，故收敛域为 $[-1,1)$，应填 $[-1,1)$.

13. 解：$\lim_{x\to 0}\dfrac{(e^x - e^{-x})^2}{\ln(1+x^2)} = \lim_{x\to 0}\dfrac{(e^x - e^{-x})^2}{x^2} = \lim_{x\to 0}\dfrac{2(e^x - e^{-x})(e^x + e^{-x})}{2x}$

$= 2\lim_{x\to 0}\dfrac{e^x - e^{-x}}{x} = 2\lim_{x\to 0}(e^x + e^{-x}) = 4$.

14. 解：$x = t^2 + t$ 两边对 t 求导得：$\dfrac{dx}{dt} = 2t+1$,

$e^y + y = t^2$ 两边对 t 求导得：$e^y\dfrac{dy}{dt} + \dfrac{dy}{dt} = 2t$，所以 $\dfrac{dy}{dt} = \dfrac{2t}{e^y + 1}$,

于是 $\dfrac{dy}{dx} = \dfrac{dy}{dt}\Big/\dfrac{dx}{dt} = \dfrac{2t}{(2t+1)(e^y+1)}$.

15. 解：$f(x) = (x^2\sin x)' = 2x\sin x + x^2\cos x$,

$\int\dfrac{f(x)}{x}dx = 2\int\sin x\,dx + \int x\cos x\,dx = -2\cos x + \int x\,d\sin x$

$= -2\cos x + x\sin x - \int\sin x\,dx$

$= -2\cos x + x\sin x + \cos x + C = -\cos x + x\sin x + C$.

16. 解：令 $\sqrt{x+1} = t$，则 $x = t^2 - 1$，当 $x = 0$ 时 $t = 1$，当 $x = 3$ 时 $t = 2$.

$\int_0^3\dfrac{x}{1+\sqrt{x+1}}dx = \int_1^2\dfrac{t^2-1}{1+t}d(t^2-1) = \int_1^2 2t(t-1)dt = \int_1^2(2t^2 - 2t)dt = \left(\dfrac{2}{3}t^3 - t^2\right)\Big|_1^2$

$= \dfrac{5}{3}$.

17. 解：x 轴的方向向量可取为 $s_1 = i$，已知直线的方向向量 $s_2 = (2,3,1)$，所求平面的法向量 $n \perp s_1, n \perp s_2$,

所以可取 $n = s_1 \times s_2 = \begin{vmatrix} i & j & k \\ 1 & 0 & 0 \\ 2 & 3 & 1 \end{vmatrix} = -j + 3k$，又所求平面过 x 轴，故原点 $(0,0,0)$ 在所求平面上，所以所求平面方程为 $-y + 3z = 0$，即 $y - 3z = 0$.

18. 解：$\dfrac{\partial z}{\partial x} = f\left(\dfrac{y}{x}, y\right) + x\left[f_1'\cdot\dfrac{-y}{x^2} + f_2'\cdot 0\right] = f\left(\dfrac{y}{x}, y\right) - \dfrac{y}{x}f_1'$,

$\dfrac{\partial^2 z}{\partial x\partial y} = f_1'\cdot\dfrac{1}{x} + f_2' - \dfrac{1}{x}f_1' - \dfrac{y}{x}\left[f_{11}''\cdot\dfrac{1}{x} + f_{12}''\cdot 1\right] = f_2' - \dfrac{y}{x^2}f_{11}'' - \dfrac{y}{x}f_{12}''$.

19. 解：$\iint\limits_D y\,dx\,dy = \int_{\frac{\pi}{2}}^{\frac{3\pi}{4}} d\theta \int_0^{\sqrt{2}} r\sin\theta\, r\,dr = \int_{\frac{\pi}{2}}^{\frac{3\pi}{4}} d\theta \cdot \sin\theta \cdot \frac{1}{3}r^3 \Big|_0^{\sqrt{2}}$

$= \frac{2\sqrt{2}}{3} \int_{\frac{\pi}{2}}^{\frac{3\pi}{4}} \sin\theta\, d\theta = -\frac{2\sqrt{2}}{3} \cos\theta \Big|_{\frac{\pi}{2}}^{\frac{3\pi}{4}} = -\frac{2\sqrt{2}}{3} \cos\frac{3\pi}{4} = -\frac{2\sqrt{2}}{3} \times \frac{-\sqrt{2}}{2} = \frac{2}{3}.$

20. 解：因为 $y = (x+1)e^x$ 是 $y' + 2y = f(x)$ 的解，所以 $[(x+1)e^x]' + 2(x+1)e^x = f(x)$，即 $f(x) = (3x+4)e^x$.

以下求 $y'' + 3y' + 2y = (3x+4)e^x$ 的通解：

对应齐次方程 $y'' + 3y' + 2y = 0$ 的特征方程为 $r^2 + 3r + 2 = 0$，特征根 $r_1 = -1, r_2 = -2$，所以对应齐次方程的通解 $\bar{y} = C_1 e^{-x} + C_2 e^{-2x}$.

设原方程一个特解 $y^* = (ax+b)e^x$，则 $y^{*'} = ae^x + (ax+b)e^x$, $y^{*''} = 2ae^x + (ax+b)e^x$,

将 y^* 代入原方程得 $2ae^x + (ax+b)e^x + 3ae^x + 3(ax+b)e^x + 2(ax+b)e^x = (3x+4)e^x$，即 $6ax + 5a + 6b = 3x + 4$,

比较两边同类项系数得 $\begin{cases} 6a = 3 \\ 5a + 6b = 4 \end{cases}$，所以 $a = \frac{1}{2}, b = \frac{1}{4}$，所以 $y^* = \left(\frac{1}{2}x + \frac{1}{4}\right)e^x$.

故原方程通解 $y = \bar{y} + y^* = C_1 e^{-x} + C_2 e^{-2x} + \left(\frac{1}{2}x + \frac{1}{4}\right)e^x$.

21. 证明：令 $F(x) = x\ln(1+x^2) - 2$，则 $F(x)$ 在闭区间 $[0,2]$ 上连续．

$F(0) = -2, F(2) = 2\ln 5 - 2, F(0) \cdot F(2) < 0$,

由零点定理可知，方程在 $(0,2)$ 内至少有一根.

又因为 $F'(x) = \ln(1+x^2) + \frac{2x^2}{1+x^2} > 0$，所以 $F(x)$ 单调递增，方程在 $(0,2)$ 内至多只有一根．综上可知，方程 $x\ln(1+x^2) = 2$ 有且仅有一个小于 2 的正实根．

22. 证明：令 $F(x) = x^{2011} + 2010 - 2011x$,

则 $F'(x) = 2011x^{2010} - 2011 = 0$，解得 $x = 1$（因 $x > 0$，故另一解 $x = -1$ 舍去）.

当 $0 < x < 1$ 时，$F'(x) < 0, F(x)$ 单调递减；

当 $x > 1$ 时，$F'(x) > 0, F(x)$ 单调递增．

故当 $x > 0$ 时，$F(x)$ 在 $x = 1$ 处取得最小值，最小值 $F(1) = 0$.

从而有 $F(x) \geq 0$，即 $x^{2011} + 2010 - 2011x \geq 0$，所以 $x^{2011} + 2010 \geq 2011x$.

23. 解：$f(0) = 1$,

$f(0-0) = \lim\limits_{x \to 0^-} f(x) = \lim\limits_{x \to 0^-} \frac{e^{ax} - x^2 - ax - 1}{x \arctan x} = \lim\limits_{x \to 0^-} \frac{e^{ax} - x^2 - ax - 1}{x^2}$

$= \lim\limits_{x \to 0^-} \frac{ae^{ax} - 2x - a}{2x} = \lim\limits_{x \to 0^-} \frac{a^2 e^{ax} - 2}{2} = \frac{a^2 - 2}{2},$

$f(0+0) = \lim\limits_{x \to 0^+} f(x) = \lim\limits_{x \to 0^+} \frac{e^{ax} - 1}{\sin 2x} = \lim\limits_{x \to 0^+} \frac{ax}{2x} = \frac{a}{2}.$

(1) 因 $x = 0$ 是 $f(x)$ 的连续点，故应有 $f(0-0) = f(0+0) = f(0)$,

即应有 $\frac{a^2 - 2}{2} = \frac{a}{2} = 1$，所以 $a = 2$；

(2) 因 $x=0$ 是 $f(x)$ 的可去间断点,故应有 $f(0-0)=f(0+0)\neq f(0)$,

即应有 $\dfrac{a^2-2}{2}=\dfrac{a}{2}\neq 1$,所以 $a=-1$;

(3) 因 $x=0$ 是 $f(x)$ 的跳跃间断点,故应有 $f(0-0)\neq f(0+0)$,

即应有 $\dfrac{a^2-2}{2}\neq\dfrac{a}{2}$,所以 $a\neq 2, a\neq -1$.

24. 解:(1) 将一阶线性微分方程 $xf'(x)-2f(x)=-(a+1)x$ 化成标准形式为 $f'(x)+\dfrac{-2}{x}f(x)=-(a+1)$,

通解 $f(x)=e^{\int\frac{2}{x}dx}\left[-\int(a+1)e^{-\int\frac{2}{x}dx}dx+c\right]=e^{2\ln x}\left[-\int(a+1)e^{-2\ln x}dx+c\right]$

$=x^2\left[-(a+1)\int\dfrac{1}{x^2}dx+c\right]=x^2\left(\dfrac{a+1}{x}+c\right)=(a+1)x+cx^2$

由 $f(1)=1$ 可知 $1=a+1+c$,所以 $c=-a$.

令 $f(x)=0$ 得曲线与 x 轴的两交点横坐标为 $x=0$ 及 $x=1+\dfrac{1}{a}$,

于是有 $S=\int_0^1[-ax^2+(a+1)x]dx=\dfrac{a+3}{6}=\dfrac{2}{3}$,解得 $a=1$,

所以 $f(x)=-x^2+2x$;

(2) $V_x=\pi\int_0^1(x^4-4x^3+4x^2)dx=\pi\left(\dfrac{1}{5}x^5-x^4+\dfrac{4}{3}x^3\right)\Big|_0^1=\dfrac{8}{15}\pi$;

(3) 由 $y=-x^2+2x$ 解得 $x=1\pm\sqrt{1-y}$.

$V_y=\pi\int_0^1 1^2 dy-\pi\int_0^1(1-\sqrt{1-y})^2 dy=\pi-\pi\int_0^1[1-2\sqrt{1-y}+1-y]dy$

$=\pi-\pi\left[2y-\dfrac{1}{2}y^2+\dfrac{4}{3}(1-y)^{\frac{3}{2}}\right]\Big|_0^1=\dfrac{5\pi}{6}$.

2012 年

1. 解：因为 $\lim\limits_{x\to\infty} 2x\sin\dfrac{1}{x} = \lim\limits_{x\to\infty} 2x \cdot \dfrac{1}{x} = 2$,

   $\lim\limits_{x\to\infty} \dfrac{\sin 3x}{x} = \lim\limits_{x\to\infty} \dfrac{1}{x}\sin 3x = 0$（无穷小与有界函数的积仍是无穷小），

   所以 $\lim\limits_{x\to\infty}\left(2x\sin\dfrac{1}{x} + \dfrac{\sin 3x}{x}\right) = 2$. 应选 B.

2. 解：$f(x)$ 的间断点为 $x=0, x=-2, x=2$.

   $f(0-0) = \lim\limits_{x\to 0^-}\dfrac{(x-2)\sin x}{|x|(x^2-4)} = \lim\limits_{x\to 0^-}\dfrac{(x-2)\cdot x}{-x(x^2-4)} = -\dfrac{1}{2}$,

   $f(0+0) = \lim\limits_{x\to 0^+}\dfrac{(x-2)\sin x}{|x|(x^2-4)} = \lim\limits_{x\to 0^+}\dfrac{(x-2)\cdot x}{x(x^2-4)} = \dfrac{1}{2}$.

   因 $f(0-0) \neq f(0+0)$，故 $x=0$ 是 $f(x)$ 的第一类间断点（跳跃间断点）.

   因为 $\lim\limits_{x\to -2} f(x) = \lim\limits_{x\to -2}\dfrac{(x-2)\sin x}{|x|(x^2-4)} = \infty$，故 $x=-2$ 是 $f(x)$ 的第二类间断点.

   因为 $\lim\limits_{x\to 2} f(x) = \lim\limits_{x\to 2}\dfrac{(x-2)\sin x}{|x|(x^2-4)} = \lim\limits_{x\to 2}\dfrac{(x-2)\sin x}{x(x-2)(x+2)} = \lim\limits_{x\to 2}\dfrac{\sin x}{x(x+2)} = \dfrac{1}{8}\sin 2$ 存在，所以 $x=2$ 是 $f(x)$ 的第一类间断点.

   故共有 2 个第一类间断点，应选 C.

3. 解：$f(x)$ 的定义域为 $(-\infty, +\infty)$，$f'(x) = \dfrac{10}{3}x^{\frac{2}{3}} - \dfrac{10}{3}x^{-\frac{1}{3}} = \dfrac{10(x-1)}{3\cdot\sqrt[3]{x}}$.

   令 $f'(x) = 0$ 得 $x=1$，当 $x=0$ 时 $f'(x)$ 不存在.

x	$(-\infty, 0)$	0	$(0,1)$	1	$(1, +\infty)$
$f'(x)$	+	不存在	−	0	+
$f(x)$	↗	极大	↘	极小	↗

   由表可知 $f(x)$ 既有极大值又有极小值，应选 C.

4. 解：$\dfrac{\partial z}{\partial x} = \dfrac{1}{x}, \dfrac{\partial z}{\partial y} = \dfrac{-3}{y^2}$,

   $\mathrm{d}z\Big|_{(1,1)} = \dfrac{1}{x}\Big|_{(1,1)}\mathrm{d}x + \dfrac{-3}{y^2}\Big|_{(1,1)}\mathrm{d}y = \mathrm{d}x - 3\mathrm{d}y$，应选 A.

5. 解：积分域 $D: \begin{cases} y \leqslant x \leqslant 1 \\ 0 \leqslant y \leqslant 1 \end{cases}$

   将二次积分化成极坐标形式为

   $\int_0^1 \mathrm{d}y \int_y^1 f(x,y)\mathrm{d}x = \int_0^{\frac{\pi}{4}} \mathrm{d}\theta \int_0^{\sec\theta} f(\rho\cos\theta, \rho\sin\theta)\rho\mathrm{d}\rho$，应选 B.

6. 解：由莱布尼茨定理及熟知的结果，立即可知应选 D.

7. 解:因为 $\lim_{x\to 0}(1-2x-1)\cdot\dfrac{2}{x}=\lim_{x\to 0}\dfrac{-4x}{x}=-4$,所以 $\lim_{x\to 0}(1-2x)^{\frac{2}{x}}=e^{-4}$.

要使 $f(x)$ 在 $x=0$ 处连续,则应有 $f(0)=\lim_{x\to 0}f(x)=\lim_{x\to 0}(1-2x)^{\frac{2}{x}}=e^{-4}$,应填 e^{-4}.

8. 解:$x(x^3+2x+1)^2$ 的最高项是 x^7,$[(x^3+2x+1)^2]^{(7)}=7!$,
所以 $y^{(7)}=7!+2^7 e^{2x}$,$y^{(7)}(0)=7!+2^7$. 应填 $7!+2^7$.

9. 解:$y=x^x=e^{x\ln x}$,$y'=e^{x\ln x}(\ln x+1)=x^x(\ln x+1)$,
$dy=y'dx=x^x(\ln x+1)dx$,应填 $x^x(\ln x+1)dx$.

10. 解:因为 $|\boldsymbol{a}+2\boldsymbol{b}|^2=(\boldsymbol{a}+2\boldsymbol{b})\cdot(\boldsymbol{a}+2\boldsymbol{b})=\boldsymbol{a}\cdot\boldsymbol{a}+2\boldsymbol{a}\cdot\boldsymbol{b}+2\boldsymbol{b}\cdot\boldsymbol{a}+4\boldsymbol{b}\cdot\boldsymbol{b}=|\boldsymbol{a}|^2+4|\boldsymbol{b}|^2$
$=25$,所以 $|\boldsymbol{a}+2\boldsymbol{b}|=5$,应填 5.

11. 解:$\int_a^{+\infty}e^{-x}dx=\lim_{b\to+\infty}\int_a^b e^{-x}dx=-\lim_{b\to+\infty}e^{-x}\big|_a^b=-\lim_{b\to+\infty}\left(\dfrac{1}{e^b}-\dfrac{1}{e^a}\right)=\dfrac{1}{e^a}=\dfrac{1}{2}$,$e^a=2$,

所以 $a=\ln 2$,应填 $\ln 2$.

12. 解:令 $\lim_{n\to\infty}\left|\dfrac{u_{n+1}(x)}{u_n(x)}\right|=\lim_{n\to\infty}\left|\dfrac{(x-3)^{n+1}}{(n+1)\cdot 3^{n+1}}\cdot\dfrac{n\cdot 3^n}{(x-3)^n}\right|=\dfrac{1}{3}|x-3|<1$,解得 $0<x<6$.

当 $x=0$ 时级数为 $\sum_{n=1}^{\infty}\dfrac{1}{n}$,发散;当 $x=6$ 时级数为 $\sum_{n=1}^{\infty}\dfrac{(-1)^n}{n}$,收敛. 故收敛域为 $(0,6]$,应填 $(0,6]$.

13. 解:$\lim_{x\to 0}\dfrac{x^2+2\cos x-2}{x^3\ln(1+x)}=\lim_{x\to 0}\dfrac{x^2+2\cos x-2}{x^4}=\lim_{x\to 0}\dfrac{2x-2\sin x}{4x^3}$
$=\lim_{x\to 0}\dfrac{1-\cos x}{6x^2}=\lim_{x\to 0}\dfrac{\frac{1}{2}x^2}{6x^2}=\dfrac{1}{12}.$

14. 解:$\dfrac{dx}{dt}=1+\dfrac{1}{t^2}=\dfrac{t^2+1}{t^2}$,$\dfrac{dy}{dt}=2t+\dfrac{2}{t}=\dfrac{2(t^2+1)}{t}$,
$\dfrac{dy}{dx}=\dfrac{dy}{dt}\Big/\dfrac{dx}{dt}=\dfrac{2(t^2+1)}{t}\cdot\dfrac{t^2}{t^2+1}=2t$,$\dfrac{d^2y}{dx^2}=(2t)'_t\cdot\dfrac{1}{\frac{dx}{dt}}=\dfrac{2t^2}{t^2+1}.$

15. 解:$\int\dfrac{2x+1}{\cos^2 x}dx=\int(2x+1)d\tan x=(2x+1)\tan x-\int\tan x\,d(2x+1)$
$=(2x+1)\tan x-2\int\tan x\,dx=(2x+1)\tan x-2\int\dfrac{\sin x}{\cos x}dx$
$=(2x+1)\tan x+2\int\dfrac{1}{\cos x}d\cos x=(2x+1)\tan x+2\ln|\cos x|+C.$

16. 解:令 $\sqrt{2x-1}=t$,则 $x=\dfrac{t^2+1}{2}$,

当 $x=1$ 时 $t=1$,当 $x=2$ 时 $t=\sqrt{3}$.
$\int_1^2\dfrac{1}{x\sqrt{2x-1}}dx=\int_1^{\sqrt{3}}\dfrac{1}{\frac{t^2+1}{2}\cdot t}d\dfrac{t^2+1}{2}=2\int_1^{\sqrt{3}}\dfrac{1}{t^2+1}dt=2\arctan t\Big|_1^{\sqrt{3}}$
$=2(\arctan\sqrt{3}-\arctan 1)=2\left(\dfrac{\pi}{3}-\dfrac{\pi}{4}\right)=\dfrac{\pi}{6}.$

17. 解:平面 Π 过 x 轴,必过原点 $O(0,0,0)$,

平面 Π 的法向量可取为 $\boldsymbol{n} = \boldsymbol{i} \times \overrightarrow{OM} = \begin{vmatrix} \boldsymbol{i} & \boldsymbol{j} & \boldsymbol{k} \\ 1 & 0 & 0 \\ 1 & 2 & 3 \end{vmatrix} = -3\boldsymbol{j} + 2\boldsymbol{k}$,

所求直线的方向向量 $\boldsymbol{s} \perp \boldsymbol{n}, \boldsymbol{s} \perp \boldsymbol{i}$,

可取 $\boldsymbol{s} = \boldsymbol{i} \times \boldsymbol{n} = \begin{vmatrix} \boldsymbol{i} & \boldsymbol{j} & \boldsymbol{k} \\ 0 & -3 & 2 \\ 1 & 0 & 0 \end{vmatrix} = 2\boldsymbol{j} + 3\boldsymbol{k}$.

又所求直线过点 $N(1,1,1)$,故其方程为 $\dfrac{x-1}{0} = \dfrac{y-1}{2} = \dfrac{z-1}{3}$.

18. 解: $\dfrac{\partial z}{\partial x} = f_1' + yf_2' + 2x\varphi'$,

$\dfrac{\partial^2 z}{\partial x \partial y} = f_{11}'' \cdot 0 + f_{12}'' \cdot x + f_2' + y[f_{21}'' \cdot 0 + f_{22}'' \cdot x] + 2x\varphi'' \cdot 2y = f_2' + xf_{12}'' + xyf_{22}'' + 4xy\varphi''$.

19. 解: $f(x) = (xe^x)' = (x+1)e^x$.

以下求 $y'' + 4y' + 4y = (x+1)e^x$ 的通解:

对应齐次方程 $y'' + 4y' + 4y = 0$ 的特征方程为 $r^2 + 4r + 4 = 0$,特征根 $r_1 = r_2 = -2$,

对应齐次方程的通解 $\bar{y} = (C_1 + C_2 x)e^{-2x}$.

设原方程的一个特解为 $y^* = (ax+b)e^x$,则 $y^{*\prime} = ae^x + (ax+b)e^x$, $y^{*\prime\prime} = 2ae^x + (ax+b)e^x$.

将 y^* 代入原方程有 $2ae^x + (ax+b)e^x + 4ae^x + 4(ax+b)e^x + 4(ax+b)e^x = (x+1)e^x$,即 $9ax + 6a + 9b = x+1$.

比较两边同类项系数得 $\begin{cases} 9a = 1, \\ 6a + 9b = 1, \end{cases}$ 解得 $a = \dfrac{1}{9}, b = \dfrac{1}{27}$,

所以 $y^* = \left(\dfrac{1}{9}x + \dfrac{1}{27}\right)e^x$,

故原方程通解 $y = \bar{y} + y^* = (C_1 + C_2 x)e^{-2x} + \left(\dfrac{1}{9}x + \dfrac{1}{27}\right)e^x$.

20. 解: $\iint\limits_D y\,dx\,dy = \int_0^1 dy \int_{2y}^{y^2+1} y\,dx = \int_0^1 dy \cdot yx \Big|_{2y}^{y^2+1} = \int_0^1 y(y^2+1-2y)\,dy$

$= \int_0^1 (y^3 + y - 2y^2)\,dy = \left(\dfrac{1}{4}y^4 + \dfrac{1}{2}y^2 - \dfrac{2}{3}y^3\right)\Big|_0^1 = \dfrac{1}{12}$.

21. 解:设 P 点为 $P(a, a^2)$, $y' = 2x$, $k_{切} = y'\Big|_{x=a} = 2a$,

切线方程为 $y - a^2 = 2a(x-a)$,即 $y = 2ax - a^2$.

$S = \iint\limits_D dx\,dy = \int_0^{a^2} dy \int_{\sqrt{y}}^{\frac{y}{2a}+\frac{a}{2}} dx = \int_0^{a^2} dy \cdot x \Big|_{\sqrt{y}}^{\frac{y}{2a}+\frac{a}{2}} = \int_0^{a^2} \left(\dfrac{y}{2a} + \dfrac{1}{2}a - \sqrt{y}\right)dy$

$= \left(\dfrac{1}{4a}y^2 + \dfrac{1}{2}ay - \dfrac{2}{3}y^{\frac{3}{2}}\right)\Big|_0^{a^2} = \dfrac{1}{12}a^3 = \dfrac{2}{3}$

所以 $a=2$.

故所求 P 点坐标为 $(2,4)$, 切线方程为 $y=4(x-1)$.

$$V_{(x)}=\pi\int_0^2(x^2)^2\mathrm{d}x-\pi\int_1^2[4(x-1)]^2\mathrm{d}x=\frac{1}{5}\pi x^5\Big|_0^2-16\pi\int_1^2(x-1)^2\mathrm{d}(x-1)$$

$$=\frac{32}{5}\pi-\frac{16}{3}\pi(x-1)^3\Big|_1^2=\frac{32}{5}\pi-\frac{16}{3}\pi=\frac{16}{15}\pi.$$

22. 解:(1) 方程两边对 x 求导得 $f(x)+xf'(x)-4f(x)=3x^2$,

即 $f'(x)+\dfrac{-3}{x}f(x)=3x$.

通解 $f(x)=\mathrm{e}^{\int\frac{3}{x}\mathrm{d}x}\Big[\int 3x\,\mathrm{e}^{-\int\frac{3}{x}\mathrm{d}x}\mathrm{d}x+C\Big]=\mathrm{e}^{3\ln x}\Big[3\int x\mathrm{e}^{-3\ln x}\mathrm{d}x+C\Big]$

$$=x^3\Big[3\int\frac{1}{x^2}\mathrm{d}x+C\Big]=x^3\Big(\frac{-3}{x}+C\Big)=Cx^3-3x^2.$$

由原方程可知 $f(1)=-2$, 代入通解中得 $-2=C-3$, 解得 $C=1$,

故 $f(x)=x^3-3x^2$;

(2) 函数 $f(x)$ 的定义域为 $(-\infty,+\infty)$,

$f'(x)=3x^2-6x=3x(x-2)$. 令 $f'(x)=0$, 得 $x=0, x=2$.

x	$(-\infty,0)$	0	$(0,2)$	2	$(2,+\infty)$
$f'(x)$	+	0	−	0	+
$f(x)$	↗	极大	↘	极小	↗

由表可知, 函数 $f(x)$ 的单调递增区间为 $(-\infty,0), (2,+\infty)$, 单调递减区间为 $(0,2)$, 极大值 $f(0)=0$, 极小值 $f(2)=-4$;

(3) $f''(x)=6x-6$, 令 $f''(x)=0$ 得 $x=1$.

x	$(-\infty,1)$	1	$(1,+\infty)$
$f''(x)$	−	0	+
$f(x)$	∩	拐点 $(1,-2)$	∪

由表可知, 曲线的凸区间为 $(-\infty,1)$, 凹区间为 $(1,+\infty)$, 拐点为 $(1,-2)$.

23. 证明: 令 $F(x)=\arcsin x-x-\dfrac{1}{6}x^3$, 则 $F(0)=0$.

$$F'(x)=\frac{1}{\sqrt{1-x^2}}-1-\frac{1}{2}x^2, F'(0)=0.$$

$$F''(x)=\frac{x}{(1-x^2)\sqrt{1-x^2}}-x=x\Big[\frac{1}{(1-x^2)\sqrt{1-x^2}}-1\Big],$$

当 $0<x<1$ 时, $F''(x)\geqslant 0, F'(x)$ 单调递增, $F'(x)>F'(0)=0$.

由 $F'(x)>0$ 又可知 $F(x)$ 单调递增, 从而有 $F(x)>F(0)=0$,

即 $\arcsin x - x - \dfrac{1}{6}x^3 > 0$，所以 $\arcsin x > x + \dfrac{1}{6}x^3$.

24. 证明：因为 $\lim\limits_{x\to 0}\dfrac{g(x)}{1-\cos x}=\lim\limits_{x\to 0}\dfrac{g(x)}{\dfrac{1}{2}x^2}=3$，所以 $\lim\limits_{x\to 0}\dfrac{g(x)}{x^2}=\dfrac{3}{2}$.

$$f'(0)=\lim_{x\to 0}\dfrac{f(x)-f(0)}{x}=\lim_{x\to 0}\dfrac{\dfrac{\int_0^x g(t)\mathrm{d}t}{x^2}-g(0)}{x}=\lim_{x\to 0}\dfrac{\int_0^x g(t)\mathrm{d}t}{x^3}$$

$$=\lim_{x\to 0}\dfrac{g(x)}{3x^2}=\dfrac{1}{3}\lim_{x\to 0}\dfrac{g(x)}{x^2}=\dfrac{1}{3}\times\dfrac{3}{2}=\dfrac{1}{2},$$

故 $f(x)$ 在 $x=0$ 处可导，且 $f'(0)=\dfrac{1}{2}$.

2013 年

1. 解：因为 $\lim\limits_{x\to 0}\dfrac{\ln(1+x)-x}{x^2}=\lim\limits_{x\to 0}\dfrac{\frac{1}{1+x}-1}{2x}=\lim\limits_{x\to 0}\dfrac{-x}{2x(1+x)}=-\dfrac{1}{2}\lim\limits_{x\to 0}\dfrac{1}{1+x}=-\dfrac{1}{2}$，

   所以当 $x\to 0$ 时，$f(x)$ 与 $g(x)$ 是同阶无穷小，应选 C．

2. 解：因为 $\lim\limits_{x\to\infty}\dfrac{2x^2+x}{x^2-3x+2}=2$，所以 $y=2$ 是曲线的水平渐近线；

   因为 $\lim\limits_{x\to 1}\dfrac{2x^2+x}{x^2-3x+2}=\infty$，所以 $x=1$ 是曲线的垂直渐近线；

   因为 $\lim\limits_{x\to 2}\dfrac{2x^2+x}{x^2-3x+2}=\infty$，所以 $x=2$ 是曲线的垂直渐近线．

   故曲线共有 3 条渐近线，应选 C．

3. 解：$f(0-0)=\lim\limits_{x\to 0^-}\dfrac{\sin 2x}{x}=\lim\limits_{x\to 0^-}\dfrac{2x}{x}=2$，

   $f(0+0)=\lim\limits_{x\to 0^+}\dfrac{x}{\sqrt{1+x}-1}=\lim\limits_{x\to 0^+}\dfrac{x}{\frac{1}{2}x}=2$，

   因 $f(0-0)=f(0+0)$ 但 $f(x)$ 在 $x=0$ 处无解，故 $x=0$ 是 $f(x)$ 的可去间断点．应选 B．

4. 解：$\dfrac{\mathrm{d}y}{\mathrm{d}x}=\dfrac{-1}{x^2}f'\left(\dfrac{1}{x}\right)$，

   $\dfrac{\mathrm{d}^2y}{\mathrm{d}x^2}=\dfrac{2}{x^3}f'\left(\dfrac{1}{x}\right)-\dfrac{1}{x^2}f''\left(\dfrac{1}{x}\right)\cdot\dfrac{-1}{x^2}=\dfrac{2}{x^3}f'\left(\dfrac{1}{x}\right)+\dfrac{1}{x^4}f''\left(\dfrac{1}{x}\right)$，应选 B．

5. 解：对于 A，取 $\sum\limits_{n=1}^{\infty}\dfrac{1}{n}$，因 $\sum\limits_{n=1}^{\infty}\dfrac{1}{n}$ 发散，故 $\sum\limits_{n=1}^{\infty}\dfrac{n+1}{n^2}$ 发散；

   对于 B，因 $\lim\limits_{n\to\infty}\left(\dfrac{n}{n+1}\right)^n=\lim\limits_{n\to\infty}\dfrac{1}{\left(1+\frac{1}{n}\right)^n}=\dfrac{1}{\mathrm{e}}\neq 0$，故 $\sum\limits_{n=1}^{\infty}\left(\dfrac{n}{n+1}\right)^n$ 发散；

   对于 C，因 $\lim\limits_{n\to\infty}\dfrac{u_{n+1}}{u_n}=\lim\limits_{n\to\infty}\dfrac{(n+1)!}{3^{n+1}}\cdot\dfrac{3^n}{n!}=\dfrac{1}{3}\lim\limits_{n\to\infty}(n+1)=\infty>1$，故 $\sum\limits_{n=1}^{\infty}\dfrac{n!}{3^n}$ 发散．

   应选 D．

6. 解：因为 $\lim\limits_{x\to 1}\dfrac{f(x)}{x^2-1}=\dfrac{1}{2}$ 存在且 $\lim\limits_{x\to 1}(x^2-1)=0$，故必有 $\lim\limits_{x\to 1}f(x)=0$．

   又因 $f(x)$ 在 $x=1$ 处连续，所以有 $f(1)=\lim\limits_{x\to 1}f(x)=0$，

   于是 $\lim\limits_{x\to 1}\dfrac{f(x)}{x^2-1}=\lim\limits_{x\to 1}\dfrac{f(x)-f(1)}{x-1}\cdot\dfrac{1}{x+1}=\dfrac{1}{2}f'(1)=\dfrac{1}{2}$，所以 $f'(1)=1$，

   即曲线 $y=f(x)$ 在 $(1,f(1))$ 处的切线斜率为 1，故应选 A．

7. 解：$\lim\limits_{x\to 0}f(x)=\lim\limits_{x\to 0}x\sin\dfrac{1}{x}=0$（无穷小与有界函数的积仍是无穷小），

   由于 $f(x)$ 在 $x=0$ 处连续，故应有 $f(0)=\lim\limits_{x\to 0}f(x)$，即 $a=0$，应填 0．

82

8. 解: $\overrightarrow{AB}=(1,2,3)$, $\overrightarrow{AC}=(2,3,4)$,

$$\overrightarrow{AB}\times\overrightarrow{AC}=\begin{vmatrix}\boldsymbol{i}&\boldsymbol{j}&\boldsymbol{k}\\1&2&3\\2&3&4\end{vmatrix}=-\boldsymbol{i}+2\boldsymbol{j}-\boldsymbol{k},$$

$S_{\triangle ABC}=\dfrac{1}{2}|\overrightarrow{AB}\times\overrightarrow{AC}|=\dfrac{1}{2}\sqrt{6}$. 应填 $\dfrac{1}{2}\sqrt{6}$.

9. 解: $\dfrac{\mathrm{d}x}{\mathrm{d}t}=3t^2$, $\dfrac{\mathrm{d}y}{\mathrm{d}t}=2t$, 所以 $\dfrac{\mathrm{d}y}{\mathrm{d}x}=\dfrac{\mathrm{d}y}{\mathrm{d}t}\Big/\dfrac{\mathrm{d}x}{\mathrm{d}t}=\dfrac{2}{3t}$,

$\dfrac{\mathrm{d}^2 y}{\mathrm{d}x^2}=\left(\dfrac{2}{3t}\right)'\cdot\dfrac{1}{\dfrac{\mathrm{d}x}{\mathrm{d}t}}=\dfrac{-2}{3t^2}\cdot\dfrac{1}{3t^2}=-\dfrac{2}{9t^4}$, 应填 $-\dfrac{2}{9t^4}$.

10. 解: 因为 $\lim\limits_{x\to 0}\left(\dfrac{a+x}{a-x}-1\right)\cdot\dfrac{1}{x}=\lim\limits_{x\to 0}\dfrac{2}{a-x}=\dfrac{2}{a}$,

所以 $\lim\limits_{x\to 0}\left(\dfrac{a+x}{a-x}\right)^{\frac{1}{x}}=\mathrm{e}^{\frac{2}{a}}$. 由 $\mathrm{e}^{\frac{2}{a}}=\mathrm{e}$ 可知 $a=2$, 应填 2.

11. 解: 方程可化成 $\dfrac{\mathrm{d}y}{\mathrm{d}x}+\dfrac{-1}{x}y=1$,

通解 $y=\mathrm{e}^{\int\frac{1}{x}\mathrm{d}x}\left[\int\mathrm{e}^{-\int\frac{1}{x}\mathrm{d}x}+c\right]=\mathrm{e}^{\ln x}\left[\int\mathrm{e}^{-\ln x}\mathrm{d}x+c\right]=x\left[\int\dfrac{1}{x}\mathrm{d}x+c\right]=x(\ln x+c)$.

应填 $y=x(\ln x+c)$.

12. 解: 令 $\lim\limits_{n\to\infty}\left|\dfrac{u_{n+1}(x)}{u_n(x)}\right|=\lim\limits_{n\to\infty}\left|\dfrac{2^{n+1}\cdot x^{n+1}}{\sqrt{n+1}}\cdot\dfrac{\sqrt{n}}{2^n\cdot x^n}\right|=2|x|<1$, 解得 $-\dfrac{1}{2}<x<\dfrac{1}{2}$.

当 $x=-\dfrac{1}{2}$ 时级数为 $\sum\limits_{n=1}^{\infty}\dfrac{(-1)^n}{\sqrt{n}}$, 收敛;

当 $x=\dfrac{1}{2}$ 时级数为 $\sum\limits_{n=1}^{\infty}\dfrac{1}{\sqrt{n}}$, 发散, 故收敛域为 $\left[-\dfrac{1}{2},\dfrac{1}{2}\right)$. 应填 $\left[-\dfrac{1}{2},\dfrac{1}{2}\right)$.

13. 解: $\lim\limits_{x\to 0}\left[\dfrac{\mathrm{e}^x}{\ln(1+x)}-\dfrac{1}{x}\right]=\lim\limits_{x\to 0}\dfrac{x\mathrm{e}^x-\ln(1+x)}{x\ln(1+x)}=\lim\limits_{x\to 0}\dfrac{x\mathrm{e}^x-\ln(1+x)}{x^2}$

$=\lim\limits_{x\to 0}\dfrac{(x+1)\mathrm{e}^x-\dfrac{1}{1+x}}{2x}$

$=\lim\limits_{x\to 0}\dfrac{(x+1)^2\mathrm{e}^x-1}{2x(1+x)}=\lim\limits_{x\to 0}\dfrac{(x+1)^2\mathrm{e}^x-1}{2x}$

$=\lim\limits_{x\to 0}\dfrac{2(x+1)\mathrm{e}^x+(x+1)^2\mathrm{e}^x}{2}=\dfrac{3}{2}$.

14. 解: 方程两边对 x 求偏导数得 $3z^2\dfrac{\partial z}{\partial x}-3y-3\dfrac{\partial z}{\partial x}=0$,

即 $z^2\dfrac{\partial z}{\partial x}-y-\dfrac{\partial z}{\partial x}=0$, ①

①式两边再对 x 求偏导数得 $2z\left(\dfrac{\partial z}{\partial x}\right)^2+z^2\dfrac{\partial^2 z}{\partial x^2}-\dfrac{\partial^2 z}{\partial x^2}=0$, ②

由②式解得 $\dfrac{\partial^2 z}{\partial x^2} = \dfrac{-2z\left(\dfrac{\partial z}{\partial x}\right)^2}{z^2-1}$, ③

而由①式可知 $\dfrac{\partial z}{\partial x} = \dfrac{y}{z^2-1}$，代入③式得

$$\dfrac{\partial^2 z}{\partial x^2} = \dfrac{-2z\left(\dfrac{y}{z^2-1}\right)^2}{z^2-1} = \dfrac{-2y^2 z}{(z^2-1)^3}.$$

方程两边对 y 求偏导数得 $3z^2 \dfrac{\partial z}{\partial y} - 3x - 3\dfrac{\partial z}{\partial y} = 0$,

所以 $\dfrac{\partial z}{\partial y} = \dfrac{x}{z^2-1}$,

故 $\mathrm{d}z = \dfrac{\partial z}{\partial x}\mathrm{d}x + \dfrac{\partial z}{\partial y}\mathrm{d}y = \dfrac{y}{z^2-1}\mathrm{d}x + \dfrac{x}{z^2-1}\mathrm{d}y.$

15. 解：$\int x^2 \cos 2x\, \mathrm{d}x = \dfrac{1}{2}\int x^2 \mathrm{d}\sin 2x = \dfrac{1}{2}x^2 \sin 2x - \dfrac{1}{2}\int \sin 2x\, \mathrm{d}x^2$

$= \dfrac{1}{2}x^2 \sin 2x - \int x \sin 2x\, \mathrm{d}x$

$= \dfrac{1}{2}x^2 \sin 2x + \dfrac{1}{2}\int x\, \mathrm{d}\cos 2x = \dfrac{1}{2}x^2 \sin 2x + \dfrac{1}{2}x \cos 2x - \dfrac{1}{2}\int \cos 2x\, \mathrm{d}x$

$= \dfrac{1}{2}x^2 \sin 2x + \dfrac{1}{2}x \cos 2x - \dfrac{1}{4}\sin 2x + C.$

16. 解：令 $x = 2\sin t$，当 $x = 0$ 时 $t = 0$，当 $x = 2$ 时 $t = \dfrac{\pi}{2}$.

$\displaystyle\int_0^2 \dfrac{\mathrm{d}x}{2+\sqrt{4-x^2}} = \int_0^{\frac{\pi}{2}} \dfrac{1}{2+2\cos t}\mathrm{d}2\sin t = \int_0^{\frac{\pi}{2}} \dfrac{\cos t + 1 - 1}{1+\cos t}\mathrm{d}t$

$= \displaystyle\int_0^{\frac{\pi}{2}} \mathrm{d}t - \int_0^{\frac{\pi}{2}} \dfrac{1}{1+\cos t}\mathrm{d}t = t\Big|_0^{\frac{\pi}{2}} - \int_0^{\frac{\pi}{2}} \dfrac{1}{2\cos^2 \dfrac{t}{2}}\mathrm{d}t$

$= \dfrac{\pi}{2} - \displaystyle\int_0^{\frac{\pi}{2}} \dfrac{1}{\cos^2 \dfrac{t}{2}}\mathrm{d}\dfrac{t}{2} = \dfrac{\pi}{2} - \tan\dfrac{t}{2}\Big|_0^{\frac{\pi}{2}} = \dfrac{\pi}{2} - 1.$

17. 解：$\dfrac{\partial z}{\partial y} = f'_1 \cdot 0 + 3\mathrm{e}^{2x+3y} f'_2 = 3\mathrm{e}^{2x+3y} f'_2$,

$\dfrac{\partial^2 z}{\partial y \partial x} = 6\mathrm{e}^{2x+3y} f'_2 + 3\mathrm{e}^{2x+3y}[f''_{21} \cdot 2x + f''_{22} \cdot \mathrm{e}^{2x+3y} \cdot 2]$

$= 6\mathrm{e}^{2x+3y} f'_2 + 6x\mathrm{e}^{2x+3y} f''_{21} + 6\mathrm{e}^{4x+6y} f''_{22}.$

18. 解：直线 $\begin{cases} x - y + z - 1 = 0 \\ x - 3y - z + 3 = 0 \end{cases}$ 的方向向量 $\boldsymbol{s}_1 = \begin{vmatrix} \boldsymbol{i} & \boldsymbol{j} & \boldsymbol{k} \\ 1 & -1 & 1 \\ 1 & -3 & -1 \end{vmatrix} = 4\boldsymbol{i} + 2\boldsymbol{j} - 2\boldsymbol{k}$,

在直线方程中 $\begin{cases} x - y + z - 1 = 0 \\ x - 3y - z + 3 = 0 \end{cases}$ 令 $y = 0$ 得 $\begin{cases} x + z - 1 = 0 \\ x - z + 3 = 0 \end{cases}$ 解得 $x = -1, z = 2$.

故点$(-1,0,2)$在此直线上,也在平面π上.

又直线$\begin{cases} x=2-3t \\ y=1+t \\ z=3+2t \end{cases}$的方向向量$\boldsymbol{s}_2=(-3,1,2)$,

平面π的法向量$\boldsymbol{n}\perp\boldsymbol{s}_1,\boldsymbol{n}\perp\boldsymbol{s}_2$,

故可取$\boldsymbol{n}=\boldsymbol{s}_1\times\boldsymbol{s}_2=\begin{vmatrix} \boldsymbol{i} & \boldsymbol{j} & \boldsymbol{k} \\ 4 & 2 & -2 \\ -3 & 1 & 2 \end{vmatrix}=6\boldsymbol{i}-2\boldsymbol{j}+10\boldsymbol{k}.$

所以所求平面π的方程为$6(x+1)-2y+10(z-2)=0$,即$3x-y+5z-7=0$.

19. 解:方程$\dfrac{\mathrm{d}y}{\mathrm{d}x}=y$分离变量得$\dfrac{1}{y}\mathrm{d}y=\mathrm{d}x$,两边积分得通解$\ln y=x+C$,

即$y=\mathrm{e}^{x+C}$. 将$y(0)=1$代入通解中得$1=\mathrm{e}^C$,所以$C=0$,故$y=\mathrm{e}^x$.

以下求$y''-3y'+2y=\mathrm{e}^x$的通解:

对应齐次方程的特征方程为$r^2-3r+2=0$,特征根$r_1=1,r_2=2$,

对应齐次方程的通解$\bar{y}=C_1\mathrm{e}^x+C_2\mathrm{e}^{2x}$.

设原方程的一个特解$y^*=Ax\mathrm{e}^x$,则$y^{*\prime}=A\mathrm{e}^x+Ax\mathrm{e}^x,y^{*\prime\prime}=2A\mathrm{e}^x+Ax\mathrm{e}^x$,

将y^*代入微分方程得$2A\mathrm{e}^x+Ax\mathrm{e}^x-3A\mathrm{e}^x-3Ax\mathrm{e}^x+2Ax\mathrm{e}^x=\mathrm{e}^x$,

即$-A\mathrm{e}^x=\mathrm{e}^x$,所以$A=-1,y^*=-x\mathrm{e}^x$.

故微分方程的通解为$y=\bar{y}+y^*=C_1\mathrm{e}^x+C_2\mathrm{e}^{2x}-x\mathrm{e}^x$.

20. 解:$\iint\limits_D x\,\mathrm{d}x\,\mathrm{d}y=\int_0^{\frac{\pi}{4}}\mathrm{d}\theta\int_2^{\frac{3}{\cos\theta}}r\cos\theta\cdot r\,\mathrm{d}r=\int_0^{\frac{\pi}{4}}\mathrm{d}\theta\cos\theta\cdot\dfrac{1}{3}r^3\Big|_2^{\frac{3}{\cos\theta}}$

$=\dfrac{1}{3}\int_0^{\frac{\pi}{4}}\left(\dfrac{27}{\cos^2\theta}-8\cos\theta\right)\mathrm{d}\theta=9\tan\theta\Big|_0^{\frac{\pi}{4}}-\dfrac{8}{3}\sin\theta\Big|_0^{\frac{\pi}{4}}=9-\dfrac{4\sqrt{2}}{3}.$

21. 解:(1) $\iint\limits_D \mathrm{d}x\,\mathrm{d}y=\int_0^1\mathrm{d}y\int_{-y^2}^{2\sqrt{y}}\mathrm{d}x=\int_0^1(2\sqrt{y}+y^2)\mathrm{d}y=\left(\dfrac{4}{3}y^{\frac{3}{2}}+\dfrac{1}{3}y^3\right)\Big|_0^1=\dfrac{5}{3}$;

(2) $V=\pi\int_{-1}^2 1^2\mathrm{d}x-\pi\int_{-1}^0(\sqrt{-x})^2\mathrm{d}x-\pi\int_0^2\left(\dfrac{x^2}{4}\right)^2\mathrm{d}x=\pi x\Big|_{-1}^2+\pi\int_{-1}^0 x\,\mathrm{d}x-\dfrac{\pi}{16}\int_0^2 x^4\mathrm{d}x$

$=3\pi+\dfrac{1}{2}\pi x^2\Big|_{-1}^0-\dfrac{\pi}{80}x^5\Big|_0^2=3\pi-\dfrac{1}{2}\pi-\dfrac{2}{5}\pi=\dfrac{21}{10}\pi.$

22. 解:$f(x)=F'(x)=(9x^{\frac{2}{3}}-5x)\cdot 2x=18x^{\frac{5}{3}}-10x^2$,定义域为$(-\infty,+\infty)$,

$f'(x)=30x^{\frac{2}{3}}-20x,f''(x)=20x^{-\frac{1}{3}}-20=20\dfrac{1-\sqrt[3]{x}}{\sqrt[3]{x}}.$

令$f''(x)=0$得$x=1$,当$x=0$时$f''(x)$不存在.

x	$(-\infty,0)$	0	$(0,1)$	1	$(1,+\infty)$
$f''(x)$	$-$	不存在	$+$	0	$-$
曲线$y=f(x)$	$\cap$	拐点$(0,0)$	$\cup$	拐点$(1,8)$	$\cap$

由表可知,曲线的凸区间为$(-\infty,0),(1,+\infty)$,凹区间为$(0,1)$,拐点为$(0,0)$,

(1,8).

23. 证明：令 $F(x)=2x-1-(1+\ln x)^2$，则 $F(1)=0$.

$$F'(x)=2-\frac{2(1+\ln x)}{x}, 则 F'(1)=0.$$

$$F''(x)=-\frac{2\cdot\frac{1}{x}\cdot x-2(1+\ln x)}{x^2}=\frac{2\ln x}{x^2},$$

当 $x>1$ 时 $F''(x)>0$，所以 $F'(x)$ 单调递增，所以 $F'(x)>F'(1)=0$.

由 $F'(x)>0$ 又可知 $F(x)$ 单调递增，从而 $F(x)>F(1)=0$，

即 $2x-1-(1+\ln x)^2>0$，所以 $(1+\ln x)^2<2x-1$.

24. 证明：$\int_a^b f(x)\mathrm{d}x=\int_a^{\frac{a+b}{2}}f(x)\mathrm{d}x+\int_{\frac{a+b}{2}}^b f(x)\mathrm{d}x$ ①

对于 $\int_{\frac{a+b}{2}}^b f(x)\mathrm{d}x$，令 $x=a+b-t$，则当 $x=\frac{a+b}{2}$ 时 $t=\frac{a+b}{2}$，

所以 $\int_{\frac{a+b}{2}}^b f(x)\mathrm{d}x=\int_{\frac{a+b}{2}}^a f(a+b-t)\mathrm{d}(a+b-t)=-\int_{\frac{a+b}{2}}^a f(a+b-t)\mathrm{d}t$

$=\int_a^{\frac{a+b}{2}}f(a+b-x)\mathrm{d}x,$

将此结果代入①式得

$$\int_a^b f(x)\mathrm{d}x=\int_a^{\frac{a+b}{2}}f(x)\mathrm{d}x+\int_a^{\frac{a+b}{2}}f(a+b-x)\mathrm{d}x=\int_a^{\frac{a+b}{2}}[f(x)+f(a+b-x)]\mathrm{d}x.$$

答案解析

2014 年

1. 解:因为 $x=1$ 是函数 $f(x)=\dfrac{x^2-4x+a}{x^2-3x+2}$ 的可去间断点,

   所以 $\lim\limits_{x\to 1}f(x)=\lim\limits_{x\to 1}\dfrac{x^2-4x+a}{x^2-3x+2}$ 存在,由于 $\lim\limits_{x\to 1}(x^2-3x+2)=0$,

   故必有 $\lim\limits_{x\to 1}(x^2-4x+a)=0$,即 $1-4+a=0$,所以 $a=3$,应选 C.

2. 解:$y=x^4-2x^3$ 的定义域为 $(-\infty,+\infty)$,

   $y'=4x^3-6x^2$,$y''=12x^2-12x=12x(x-1)$,

   因在 $[0,1]$ 上 $y''<0$,故在 $[0,1]$ 上曲线是凸的,应选 B.

3. 解:$f(x)=(x\sin x)'=\sin x+x\cos x$,

   $\int f''(x)\mathrm{d}x=f'(x)+C=(\sin x+x\cos x)'+C=2\cos x-x\sin x+C$,应选 B.

4. 解:方程两边对 x 求偏导数得 $3z^2\dfrac{\partial z}{\partial x}-3yz-3xy\dfrac{\partial z}{\partial x}+3x^2=0$,

   所以 $\dfrac{\partial z}{\partial x}=\dfrac{yz-x^2}{z^2-xy}$,$\dfrac{\partial z}{\partial x}\Big|_{\substack{x=1\\y=0}}=\dfrac{-1}{z^2}$,

   将 $x=1,y=0$ 代入原方程得 $z=1$,

   故 $\dfrac{\partial z}{\partial x}\Big|_{\substack{x=1\\y=0}}=\dfrac{-1}{z^2}\Big|_{z=1}=-1$,应选 A.

5. 解:积分域 $D:\begin{cases}0\leqslant y\leqslant 2-x\\ 1\leqslant x\leqslant 2\end{cases}$

   交换积分次序得 $\int_1^2\mathrm{d}x\int_0^{2-x}f(x,y)\mathrm{d}y=\int_0^1\mathrm{d}y\int_1^{2-y}f(x,y)\mathrm{d}x$,应选 D.

6. 解:对于 A,$\sum\limits_{n=1}^{\infty}\dfrac{(-1)^n}{\sqrt{n}}$ 收敛;

   对于 B,$\left|\dfrac{\sin n}{n^2}\right|\leqslant\dfrac{1}{n^2}$,而 $\sum\limits_{n=1}^{\infty}\dfrac{1}{n^2}$ 收敛,故 $\sum\limits_{n=1}^{\infty}\dfrac{\sin n}{n^2}$ 收敛;

   对于 C,因 $\sum\limits_{n=1}^{\infty}\dfrac{1}{2^n}$,$\sum\limits_{n=1}^{\infty}\dfrac{1}{n^2}$ 均收敛,故 $\sum\limits_{n=1}^{\infty}\left(\dfrac{1}{2^n}+\dfrac{1}{n^2}\right)$ 收敛.

   应选 D.

7. 解:因为 $\lim\limits_{x\to\infty}\left(1-\dfrac{2}{x}-1\right)\cdot x=-2$,

   所以 $\lim\limits_{x\to\infty}\left(1-\dfrac{2}{x}\right)^x=\mathrm{e}^{-2}$,故曲线的水平渐近线为 $y=\mathrm{e}^{-2}$,应填 $y=\mathrm{e}^{-2}$.

8. 解:$f'(x)=3ax^2-18x+12$,

   因 $f(x)$ 在 $x=2$ 处取得极小值,故应有 $f'(2)=0$,即 $12a-36+12=0$,所以 $a=2$.

   于是 $f'(x)=6x^2-18x+12=6(x-1)(x-2)$,

   令 $f'(x)=0$ 得 $x=1,x=2$,据题意可知 $f(x)$ 在 $x=1$ 处取得极大值,

   极大值 $f(1)=5$,应填 5.

9. 解：$\int_{-1}^{1}(x^3+1)\sqrt{1-x^2}\,dx = \int_{-1}^{1}x^3\sqrt{1-x^2}\,dx + \int_{-1}^{1}\sqrt{1-x^2}\,dx = 0 + 2\int_{0}^{1}\sqrt{1-x^2}\,dx =$

$2 \cdot \dfrac{1}{4}\pi = \dfrac{\pi}{2}$，应填$\dfrac{\pi}{2}$.

10. 解：$\dfrac{\partial z}{\partial x} = \dfrac{1}{1+\dfrac{y^2}{x^2}} \cdot \dfrac{-y}{x^2} = \dfrac{-y}{x^2+y^2}$，$\dfrac{\partial z}{\partial y} = \dfrac{1}{1+\dfrac{y^2}{x^2}} \cdot \dfrac{1}{x} = \dfrac{x}{x^2+y^2}$，

所以 $dz = \dfrac{\partial z}{\partial x}dx + \dfrac{\partial z}{\partial y}dy = \dfrac{-y}{x^2+y^2}dx + \dfrac{x}{x^2+y^2}dy$.

应填 $\dfrac{-y}{x^2+y^2}dx + \dfrac{x}{x^2+y^2}dy$.

11. 解：$\boldsymbol{a}+\boldsymbol{b} = (2,2,0)$，$\boldsymbol{a}-\boldsymbol{b} = (0,2,2)$，

$\cos(\boldsymbol{a}+\boldsymbol{b} \wedge \boldsymbol{a}-\boldsymbol{b}) = \dfrac{(\boldsymbol{a}+\boldsymbol{b})\cdot(\boldsymbol{a}-\boldsymbol{b})}{|\boldsymbol{a}+\boldsymbol{b}||\boldsymbol{a}-\boldsymbol{b}|} = \dfrac{4}{\sqrt{8}\times\sqrt{8}} = \dfrac{1}{2}$，

所以 $\boldsymbol{a}+\boldsymbol{b}$ 与 $\boldsymbol{a}-\boldsymbol{b}$ 的夹角为 $\dfrac{\pi}{3}$，应填 $\dfrac{\pi}{3}$.

12. 解：令 $\lim\limits_{n\to\infty}\left|\dfrac{u_{n+1}(x)}{u_n(x)}\right| = \lim\limits_{n\to\infty}\left|\dfrac{(x-1)^{n+1}}{\sqrt{n+1}} \cdot \dfrac{\sqrt{n}}{(x-1)^n}\right| = |x-1| < 1$ 得 $0 < x < 2$.

当 $x=0$ 时级数 $\sum\limits_{n=1}^{\infty}\dfrac{(-1)^n}{\sqrt{n}}$ 为收敛，当 $x=2$ 时级数 $\sum\limits_{n=1}^{\infty}\dfrac{1}{\sqrt{n}}$ 为发散.

所以收敛域为 $[0,2)$，应填 $[0,2)$.

13. 解：$\lim\limits_{x\to 0}\left(\dfrac{1}{x\arcsin x} - \dfrac{1}{x^2}\right) = \lim\limits_{x\to 0}\dfrac{x - \arcsin x}{x^2\arcsin x} = \lim\limits_{x\to 0}\dfrac{x - \arcsin x}{x^3}$，

$\lim\limits_{x\to 0}\dfrac{1 - \dfrac{1}{\sqrt{1-x^2}}}{3x^2} = \lim\limits_{x\to 0}\dfrac{\sqrt{1-x^2} - 1}{3x^2\sqrt{1-x^2}} = \lim\limits_{x\to 0}\dfrac{\sqrt{1-x^2}-1}{3x^2} = \lim\limits_{x\to 0}\dfrac{-\dfrac{1}{2}x^2}{3x^2} = -\dfrac{1}{6}$.

14. 解：$\dfrac{dx}{dt} = e^{2t} + 2(t+1)e^{2t} = (2t+3)e^{2t}$，

$e^y + ty = e$ 两边对 t 求导得 $e^y \cdot \dfrac{dy}{dt} + y + t\dfrac{dy}{dt} = 0$，$\dfrac{dy}{dt} = \dfrac{-y}{e^y + t}$，

故 $\dfrac{dy}{dx} = \dfrac{-y}{e^{2t}(e^y+t)(2t+3)}$.

当 $t=0$ 时，由 $e^y + ty = e$ 可知 $e^y = e$，所以 $y=1$，

于是有 $\dfrac{dy}{dx}\bigg|_{t=0} = \dfrac{-y}{3e^y}\bigg|_{y=1} = \dfrac{-1}{3e}$.

15. 解：$\int x\ln^2 x\,dx = \dfrac{1}{2}\int \ln^2 x\,dx^2 = \dfrac{1}{2}x^2\ln^2 x - \dfrac{1}{2}\int x^2 d\ln^2 x = \dfrac{1}{2}x^2\ln^2 x - \int x\ln x\,dx$

$= \dfrac{1}{2}x^2\ln^2 x - \dfrac{1}{2}\int \ln x\,dx^2 = \dfrac{1}{2}x^2\ln^2 x - \dfrac{1}{2}x^2\ln x + \dfrac{1}{2}\int x^2 d\ln x$

$= \dfrac{1}{2}x^2\ln^2 x - \dfrac{1}{2}x^2\ln x + \dfrac{1}{2}\int x\,dx = \dfrac{1}{2}x^2\ln^2 x - \dfrac{1}{2}x^2\ln x + \dfrac{1}{4}x^2 + C$.

16. 解：令 $\sqrt{2x-1}=t$，则 $x=\dfrac{t^2+1}{2}$，当 $x=\dfrac{1}{2}$ 时 $t=0$，当 $x=\dfrac{5}{2}$ 时 $t=2$.

$$\int_{\frac{1}{2}}^{\frac{5}{2}}\dfrac{\sqrt{2x-1}}{2x+3}\mathrm{d}x=\int_0^2\dfrac{t}{t^2+4}\mathrm{d}\dfrac{t^2+1}{2}=\int_0^2\dfrac{t^2+4-4}{t^2+4}\mathrm{d}t$$

$$=\int_0^2\mathrm{d}t-4\int_0^2\dfrac{1}{t^2+4}\mathrm{d}t=t\Big|_0^2-2\arctan\dfrac{t}{2}\Big|_0^2=2-\dfrac{\pi}{2}.$$

17. 解：$\overrightarrow{MN}=(1,2,3)$，所求平面的法向量 $\boldsymbol{n}\perp\overrightarrow{MN}$，$\boldsymbol{n}\perp\boldsymbol{i}$，

所以可取 $\boldsymbol{n}=\overrightarrow{MN}\times\boldsymbol{i}=\begin{vmatrix}\boldsymbol{i}&\boldsymbol{j}&\boldsymbol{k}\\1&2&3\\1&0&0\end{vmatrix}=3\boldsymbol{j}-2\boldsymbol{k}.$

又因所求平面过点 $M(1,1,1)$，故其方程为 $3(y-1)-2(z-1)=0$，即 $3y-2z-1=0$.

18. 解：$\dfrac{\partial z}{\partial x}=\cos x\,f_1'+2xf_2'$，

$\dfrac{\partial^2 z}{\partial x\partial y}=\cos x[f_{11}''\cdot 0+f_{12}''\cdot(-2y)]+2x[f_{21}''\cdot 0+f_{22}''\cdot(-2y)]=-2y\cos x\,f_{12}''-4xyf_{22}''.$

19. 解：$\displaystyle\iint_D(x+y)\mathrm{d}x\mathrm{d}y=\int_0^1\mathrm{d}y\int_{-y}^0(x+y)\mathrm{d}x=\int_0^1\mathrm{d}y\cdot\left(\dfrac{1}{2}x^2+yx\right)\Big|_{-y}^0=\dfrac{1}{2}\int_0^1 y^2\mathrm{d}y=\dfrac{1}{6}y^3\Big|_0^1$

$=\dfrac{1}{6}.$

20. 解：对应齐次方程 $y''-2y'=0$ 的特征方程为 $r^2-2r=0$，特征根 $r_1=0,r_2=2$，

其通解 $\bar{y}=C_1+C_2\mathrm{e}^{2x}.$

设原方程的一个特解为 $y^*=x(ax+b)\mathrm{e}^{2x}=(ax^2+bx)\mathrm{e}^{2x}$，则

$y^{*\prime}=(2ax+b)\mathrm{e}^{2x}+2(ax^2+bx)\mathrm{e}^{2x}$，

$y^{*\prime\prime}=2a\mathrm{e}^{2x}+2(2ax+b)\mathrm{e}^{2x}+2(2ax+b)\mathrm{e}^{2x}+4(ax^2+bx)\mathrm{e}^{2x}.$

将 y^* 代入原方程得

$2a\mathrm{e}^{2x}+4(2ax+b)\mathrm{e}^{2x}+4(ax^2+bx)\mathrm{e}^{2x}-2(2ax+b)\mathrm{e}^{2x}-4(ax^2+bx)\mathrm{e}^{2x}=x\mathrm{e}^{2x}$，

即 $(4ax+2a+2b)=x.$

比较两边同类项系数得 $\begin{cases}4a=1\\2a+2b=0\end{cases}$，所以 $a=\dfrac{1}{4}, b=-\dfrac{1}{4}.$

故 $y^*=\left(\dfrac{1}{4}x^2-\dfrac{1}{4}x\right)\mathrm{e}^{2x}$，原方程通解 $y=\bar{y}+y^*=C_1+C_2\mathrm{e}^{2x}+\left(\dfrac{1}{4}x^2-\dfrac{1}{4}x\right)\mathrm{e}^{2x}.$

21. 证明：令 $F(x)=x\ln x-3$，则 $F(x)$ 在 $[2,3]$ 上连续.

$F(2)=2\ln 2-3<0, F(3)=3\ln 3-3>0$，

由零点定理可知，方程在 $(2,3)$ 内至少有一根.

又因 $F'(x)=\ln x+1$，当 $x\in(2,3)$ 时 $F'(x)>0$，故在 $(2,3)$ 内 $F(x)$ 单调递增，方程在 $(2,3)$ 内至多只有一根.

综上可知，方程 $x\ln x=3$ 在区间 $(2,3)$ 内有且仅有一个实根.

22. 证明：令 $F(x)=\mathrm{e}^x-1-\dfrac{1}{2}x^2-\ln(x+1)$，则 $F(0)=0$，

$F'(x) = e^x - x - \dfrac{1}{x+1}$,则 $F'(0) = 0$,

$F''(x) = e^x - 1 + \dfrac{1}{(x+1)^2}$.

当 $x > 0$ 时 $F''(x) > 0$,故当 $x > 0$ 时 $F'(x)$ 单调递增,$F'(x) > F'(0) = 0$,

由 $F'(x) > 0$ 又可知 $F(x)$ 单调递增,从而有 $F(x) > F(0) = 0$,

即 $e^x - 1 - \dfrac{1}{2}x^2 - \ln(x+1) > 0$,所以 $e^x - 1 > \dfrac{1}{2}x^2 + \ln(x+1)$.

23. 解:(1) $y' = -2x$,$k_{切} = y'\big|_{x=1} = -2$,所以切线方程为 $y = -2(x-1)$.

$$S = \iint_D dxdy = \int_0^1 dx \int_{1-x^2}^{-2(x-1)} dy = \int_0^1 (-2x+1+x^2)dx = \left(-x^2+x+\dfrac{1}{3}x^3\right)\Big|_0^1$$
$$= \dfrac{1}{3};$$

(2) $V = \pi \displaystyle\int_0^2 \left(\dfrac{2-y}{2}\right)^2 dy - \pi \int_0^1 (\sqrt{1-y})^2 dy$

$= \dfrac{1}{4}\pi \displaystyle\int_0^2 (y-2)^2 d(y-2) + \pi \int_0^1 (y-1)d(y-1)$

$= \dfrac{1}{12}\pi(y-2)^3\Big|_0^2 + \dfrac{1}{2}\pi(y-1)^2\Big|_0^1 = \dfrac{1}{6}\pi$.

24. 解:(1) 方程 $\displaystyle\int_0^x t\varphi(t)dt = 1 - \varphi(x)$ 两边对 x 求导得 $x\varphi(x) = -\varphi'(x)$,

即 $x\varphi(x) + \varphi'(x) = 0$,

其通解 $\varphi(x) = e^{-\int x dx}\left[\int 0 \cdot e^{\int x dx} dx + C\right] = Ce^{-\frac{1}{2}x^2}$

由原方程可知 $\varphi(0) = 1$,代入通解中有 $C = 1$,

所以 $\varphi(x) = e^{-\frac{1}{2}x^2}$;

(2) $f(x) = \begin{cases} \dfrac{e^{-\frac{1}{2}x^2}-1}{x^2}, & x \neq 0 \\ -\dfrac{1}{2}, & x = 0 \end{cases}$

因 $\displaystyle\lim_{x\to 0} f(x) = \lim_{x\to 0}\dfrac{e^{-\frac{1}{2}x^2}-1}{x^2} = \lim_{x\to 0}\dfrac{-\frac{1}{2}x^2}{x^2} = -\dfrac{1}{2} = f(0)$,

故 $f(x)$ 在 $x = 0$ 处连续.

又因 $f'(0) = \displaystyle\lim_{x\to 0}\dfrac{f(x)-f(0)}{x} = \lim_{x\to 0}\dfrac{\dfrac{e^{-\frac{1}{2}x^2}-1}{x^2}+\dfrac{1}{2}}{x} = \lim_{x\to 0}\dfrac{2e^{-\frac{1}{2}x^2}-2+x^2}{2x^3}$

$= \displaystyle\lim_{x\to 0}\dfrac{-2xe^{-\frac{1}{2}x^2}+2x}{6x^2} = -\dfrac{1}{3}\lim_{x\to 0}\dfrac{e^{-\frac{1}{2}x^2}-1}{x} = -\dfrac{1}{3}\lim_{x\to 0}\dfrac{-\dfrac{1}{2}x^2}{x} = 0$ 存在,

故 $f(x)$ 在 $x = 0$ 处可导.

答案解析

2015 年

1. 解:因为 $\lim\limits_{x\to 0}\dfrac{1-\mathrm{e}^{\sin x}}{x}=-\lim\limits_{x\to 0}\dfrac{\mathrm{e}^{\sin x}-1}{x}=-\lim\limits_{x\to 0}\dfrac{\sin x}{x}=-1$,

   所以当 $x\to 0$ 时, $f(x)$ 与 $g(x)$ 是同阶无穷小. 应选 C.

2. 解: $y=(1-x)^x=\mathrm{e}^{x\ln(1-x)}$,

   $y'=\mathrm{e}^{x\ln(1-x)}\left[\ln(1-x)+x\cdot\dfrac{-1}{1-x}\right]=(1-x)^x\left[\ln(1-x)-\dfrac{x}{1-x}\right]$,

   $\mathrm{d}y=y'\mathrm{d}x=(1-x)^x\left[\ln(1-x)-\dfrac{x}{1-x}\right]\mathrm{d}x$, 应选 B.

3. 解:因为 $\lim\limits_{x\to 0^-}f(x)=\lim\limits_{x\to 0^-}\dfrac{\mathrm{e}^{\frac{1}{x}}+1}{\mathrm{e}^{\frac{1}{x}}-1}=-1$,

   $\lim\limits_{x\to 0^+}f(x)=\lim\limits_{x\to 0^+}\dfrac{\mathrm{e}^{\frac{1}{x}}+1}{\mathrm{e}^{\frac{1}{x}}-1}=1$,

   所以 $x=0$ 是 $f(x)$ 的跳跃间断点, 应选 B.

4. 解:因为 $F(x)$ 是 $f(x)$ 的一个原函数, 所以 $\int f(x)\mathrm{d}x=F(x)+C$,

   于是 $\int f(3-2x)\mathrm{d}x=-\dfrac{1}{2}\int f(3-2x)\mathrm{d}(3-2x)=-\dfrac{1}{2}F(3-2x)+C$, 应选 A.

5. 解:对于 A, $\sum\limits_{n=1}^{\infty}\dfrac{(-1)^n-n}{n^2}=\sum\limits_{n=1}^{\infty}\left[\dfrac{(-1)^n}{n^2}-\dfrac{1}{n}\right]$.

   因 $\sum\limits_{n=1}^{\infty}\dfrac{(-1)^n}{n^2}$ 收敛而 $\sum\limits_{n=1}^{\infty}\dfrac{1}{n}$ 发散, 由级数性质可知级数发散;

   对于 B, 因 $\lim\limits_{n\to\infty}\dfrac{n+1}{2n-1}=\dfrac{1}{2}\neq 0$, 故级数发散;

   对于 C, $\sum\limits_{n=1}^{\infty}\left|(-1)^n\dfrac{n!}{n^n}\right|=\sum\limits_{n=1}^{\infty}\dfrac{n!}{n^n}$.

   因 $\lim\limits_{n\to\infty}\dfrac{u_{n+1}}{u_n}=\lim\limits_{n\to\infty}\dfrac{(n+1)!}{(n+1)^{n+1}}\cdot\dfrac{n^n}{n!}=\lim\limits_{n\to\infty}\left(\dfrac{n}{n+1}\right)^n=\lim\limits_{n\to\infty}\dfrac{1}{\left(1+\dfrac{1}{n}\right)^n}=\dfrac{1}{\mathrm{e}}<1$,

   由比值判别法可知 $\sum\limits_{n=1}^{\infty}\dfrac{n!}{n^n}$ 收敛, 故 $\sum\limits_{n=1}^{\infty}(-1)^n\dfrac{n!}{n^n}$ 绝对收敛. 应选 D.

   事实上, 对于 D, 因 $\sum\limits_{n=1}^{\infty}\left|(-1)^n\dfrac{n+1}{n^2}\right|=\sum\limits_{n=1}^{\infty}\dfrac{n+1}{n^2}$ 发散, 而由莱布尼茨定理易知

   $\sum\limits_{n=1}^{\infty}(-1)^n\dfrac{n+1}{n^2}$ 收敛, 故 $\sum\limits_{n=1}^{\infty}(-1)^n\dfrac{n+1}{n^2}$ 条件收敛.

6. 解:积分域 $D:\begin{cases}\ln y\leqslant x\leqslant 1\\ 1\leqslant y\leqslant \mathrm{e}\end{cases}$

   交换积分次序得 $\int_1^{\mathrm{e}}\mathrm{d}y\int_{\ln y}^1 f(x,y)\mathrm{d}x=\int_0^1\mathrm{d}x\int_1^{\mathrm{e}^x}f(x,y)\mathrm{d}y$, 应选 D.

7. 解:因为 $\lim\limits_{n\to\infty}\left(1-\dfrac{x}{n}-1\right)\cdot n=-x$,

   所以 $f(x)=\lim\limits_{n\to\infty}\left(1-\dfrac{x}{n}\right)^n=\mathrm{e}^{-x}$,于是 $f(\ln 2)=\mathrm{e}^{-\ln 2}=\dfrac{1}{2}$,应填 $\dfrac{1}{2}$.

8. 解:$\dfrac{\mathrm{d}x}{\mathrm{d}t}=3t^2-2,\dfrac{\mathrm{d}y}{\mathrm{d}t}=3t^2$,

   $\dfrac{\mathrm{d}y}{\mathrm{d}x}=\dfrac{\mathrm{d}y}{\mathrm{d}t}\Big/\dfrac{\mathrm{d}x}{\mathrm{d}t}=\dfrac{3t^2}{3t^2-2}.$

   点 $(0,2)$ 对应的参数为 $t=1$,所以 $\dfrac{\mathrm{d}y}{\mathrm{d}x}\Big|_{t=1}=\dfrac{3t^2}{3t^2-2}\Big|_{t=1}=3$,

   所以点 $(0,2)$ 处的切线方程为 $y-2=3x$,即 $y=3x+2$. 应填 $y=3x+2$.

9. 解:设 $\boldsymbol{b}=\lambda\boldsymbol{a}=(\lambda,-2\lambda,-\lambda),\boldsymbol{a}\cdot\boldsymbol{b}=\lambda+4\lambda+\lambda=6\lambda=12$,所以 $\lambda=2$.
   故 $\boldsymbol{b}=(2,-4,-2)$,应填 $(2,-4,-2)$.

10. 解:$f'(x)=\dfrac{-1}{(2x+1)^2}\cdot 2, f''(x)=\dfrac{1\cdot 2}{(2x+1)^3}\cdot 2^2, f'''(x)=\dfrac{-1\cdot 2\cdot 3}{(2x+1)^4}\cdot 2^3$,

    $f^{(4)}(x)=\dfrac{1\cdot 2\cdot 3\cdot 4}{(2x+1)^5}\cdot 2^4\cdots\cdots$ 所以 $f^{(n)}(x)=\dfrac{(-1)^n\cdot n!\; 2^n}{(2x+1)^{n+1}}$.

    应填 $\dfrac{(-1)^n\cdot n!\; 2^n}{(2x+1)^{n+1}}$.

11. 解:方程可化成 $y'+\dfrac{-1}{x}y=x$,

    通解 $y=\mathrm{e}^{\int\frac{1}{x}\mathrm{d}x}\left[\int x\mathrm{e}^{-\int\frac{1}{x}\mathrm{d}x}\mathrm{d}x+C\right]=\mathrm{e}^{\ln x}\left[\int x\mathrm{e}^{-\ln x}\mathrm{d}x+C\right]=x\left[\int \mathrm{d}x+C\right]=x(x+C)$
    $=x^2+Cx$.

    将 $y|_{x=1}=2$ 代入通解中得 $C=1$,所以 $y=x^2+x$. 应填 $y=x^2+x$.

12. 解:令 $\lim\limits_{n\to\infty}\left|\dfrac{u_{n+1}(x)}{u_n(x)}\right|=\lim\limits_{n\to\infty}\left|\dfrac{2^{n+1}(x-1)^{n+1}}{\sqrt{n+1}}\cdot\dfrac{\sqrt{n}}{2^n(x-1)^n}\right|=2|x-1|<1$,

    解得 $\dfrac{1}{2}<x<\dfrac{3}{2}$.

    当 $x=\dfrac{1}{2}$ 时级数为 $\sum\limits_{n=1}^{\infty}\dfrac{(-1)^n}{\sqrt{n}}$,收敛;当 $x=\dfrac{3}{2}$ 时级数为 $\sum\limits_{n=1}^{\infty}\dfrac{1}{\sqrt{n}}$,发散. 故收敛域为

    $\left[\dfrac{1}{2},\dfrac{3}{2}\right)$,应填 $\left[\dfrac{1}{2},\dfrac{3}{2}\right)$.

13. 解:$\lim\limits_{x\to 0}\dfrac{\int_0^x t\arcsin t\,\mathrm{d}t}{2\mathrm{e}^x-x^2-2x-2}=\lim\limits_{x\to 0}\dfrac{x\arcsin x}{2\mathrm{e}^x-2x-2}=\lim\limits_{x\to 0}\dfrac{x^2}{2\mathrm{e}^x-2x-2}$

    $=\lim\limits_{x\to 0}\dfrac{2x}{2\mathrm{e}^x-2}=\lim\limits_{x\to 0}\dfrac{x}{\mathrm{e}^x-1}=\lim\limits_{x\to 0}\dfrac{x}{x}=1.$

14. 解:当 $x\neq 0$ 时,$f'(x)=\dfrac{(1-\cos x)\cdot x^2-(x-\sin x)\cdot 2x}{x^4}=\dfrac{2\sin x-x-x\cos x}{x^3}$;

当 $x=0$ 时，$f'(0)=\lim\limits_{x\to 0}\dfrac{f(x)-f(0)}{x}=\lim\limits_{x\to 0}\dfrac{x-\sin x}{x^3}=\lim\limits_{x\to 0}\dfrac{1-\cos x}{3x^2}=\lim\limits_{x\to 0}\dfrac{\frac{1}{2}x^2}{3x^2}=\dfrac{1}{6}$.

所以 $f'(x)=\begin{cases}\dfrac{2\sin x-x-x\cos x}{x^3} & x\neq 0\\ \dfrac{1}{6} & x=0\end{cases}$

15. 解：将直线方程 $\dfrac{x+1}{2}=\dfrac{y-1}{1}=\dfrac{z+2}{5}$ 化成参数式方程为 $\begin{cases}x=-1+2t,\\ y=1+t,\\ z=-2+5t,\end{cases}$

代入平面方程 $3x+3y+z-12=0$ 中得 $14t-14=0$，所以 $t=1$.
将 $t=1$ 代入直线参数方程中得 $x=1,y=2,z=3$，所以直线与平面的交点为 $(1,2,3)$.

直线 $\begin{cases}x-y+2z+3=0\\ 2x+y-z-4=0\end{cases}$ 的方向向量 $s_1=\begin{vmatrix}\boldsymbol{i}&\boldsymbol{j}&\boldsymbol{k}\\ 1&-1&2\\ 2&1&-1\end{vmatrix}=-\boldsymbol{i}+5\boldsymbol{j}+3\boldsymbol{k}$，

因所求直线与之平行，故所求直线方向向量可取为 $s=s_1=(-1,5,3)$.
又因直线过点 $(1,2,3)$，故其方程为 $\dfrac{x-1}{-1}=\dfrac{y-2}{5}=\dfrac{z-3}{3}$.

16. 解：$\displaystyle\int\dfrac{x^3}{\sqrt{9-x^2}}\mathrm{d}x=\dfrac{1}{2}\int\dfrac{9-x^2-9}{\sqrt{9-x^2}}\mathrm{d}(9-x^2)$

$=\dfrac{1}{2}\displaystyle\int\sqrt{9-x^2}\,\mathrm{d}(9-x^2)-\dfrac{9}{2}\int\dfrac{1}{\sqrt{9-x^2}}\mathrm{d}(9-x^2)$

$=\dfrac{1}{3}(9-x^2)\sqrt{9-x^2}-9\sqrt{9-x^2}+C$.

17. 解：$\displaystyle\int_{-\frac{\pi}{2}}^{\frac{\pi}{2}}(x^2+x)\sin x\,\mathrm{d}x=\int_{-\frac{\pi}{2}}^{\frac{\pi}{2}}x^2\sin x\,\mathrm{d}x+\int_{-\frac{\pi}{2}}^{\frac{\pi}{2}}x\sin x\,\mathrm{d}x=0+2\int_0^{\frac{\pi}{2}}x\sin x\,\mathrm{d}x$

$=-2\displaystyle\int_0^{\frac{\pi}{2}}x\,\mathrm{d}\cos x=-2x\cos x\Big|_0^{\frac{\pi}{2}}+2\int_0^{\frac{\pi}{2}}\cos x\,\mathrm{d}x=2\sin x\Big|_0^{\frac{\pi}{2}}=2$.

18. 解：$\dfrac{\partial z}{\partial x}=\dfrac{1}{y}f'_1+\varphi'(x)f'_2$，

$\dfrac{\partial^2 z}{\partial x\partial y}=\dfrac{-1}{y^2}f'_1+\dfrac{1}{y}\left[f''_{11}\cdot\dfrac{-x}{y^2}+f''_{12}\cdot 0\right]+\varphi'(x)\left[f''_{21}\cdot\dfrac{-x}{y^2}+f''_{22}\cdot 0\right]$

$=\dfrac{-1}{y^2}f'_1-\dfrac{x}{y^3}f''_{11}-\dfrac{x}{y^2}\varphi'(x)f''_{21}$.

19. 解：$\displaystyle\iint_D xy\,\mathrm{d}x\,\mathrm{d}y=\int_{\frac{\pi}{4}}^{\frac{\pi}{2}}\mathrm{d}\theta\int_2^{\frac{2}{\sin\theta}}r\cos\theta\, r\sin\theta\, r\,\mathrm{d}r=\int_{\frac{\pi}{4}}^{\frac{\pi}{2}}\mathrm{d}\theta\cos\theta\sin\theta\cdot\dfrac{1}{4}r^4\Big|_2^{\frac{2}{\sin\theta}}$

$=4\displaystyle\int_{\frac{\pi}{4}}^{\frac{\pi}{2}}\dfrac{\cos\theta}{\sin^3\theta}\mathrm{d}\theta-4\int_{\frac{\pi}{4}}^{\frac{\pi}{2}}\cos\theta\sin\theta\,\mathrm{d}\theta=4\int_{\frac{\pi}{4}}^{\frac{\pi}{2}}\dfrac{1}{\sin^3\theta}\mathrm{d}\sin\theta-4\int_{\frac{\pi}{4}}^{\frac{\pi}{2}}\sin\theta\,\mathrm{d}\sin\theta$

$=-2\dfrac{1}{\sin^2\theta}\Big|_{\frac{\pi}{4}}^{\frac{\pi}{2}}-2\sin^2\theta\Big|_{\frac{\pi}{4}}^{\frac{\pi}{2}}=1$.

20. 解：由微分方程解的结构定理可知 $\bar{y}=C_1 e^x+C_2 e^{2x}$ 是微分方程 $y''+py'+qy=0$ 的通解，故此方程的特征方程为 $(r-1)(r-2)=0$，即 $r^2-3r+2=0$.

对应的齐次方程为 $y''-3y'+2y=0$，所以 $p=-3,q=2$.

又因 $y^*=xe^{3x}$ 是微分方程 $y''-3y'+2y=f(x)$ 的一个特解，

故应有 $(xe^{3x})''-3(xe^{3x})'+2xe^{3x}=f(x)$，所以 $f(x)=(2x+3)e^{3x}$.

故所求微分方程为 $y''-3y'+2y=(2x+3)e^{3x}$.

21. 解：(1) $V_x=\pi\int_0^a (ax)^2 dx-\pi\int_0^a (x^2)^2 dx=\pi a^2\cdot\frac{1}{3}x^3\Big|_0^a-\frac{1}{5}\pi x^5\Big|_0^a=\frac{\pi a^5}{3}-\frac{\pi a^5}{5}$

$=\frac{2\pi a^5}{15}$,

$V_y=\pi\int_0^{a^2}(\sqrt{y})^2 dy-\pi\int_0^{a^2}\left(\frac{y}{a}\right)^2 dy=\frac{1}{2}\pi y^2\Big|_0^{a^2}-\frac{\pi}{a^2}\cdot\frac{1}{3}y^3\Big|_0^{a^2}$

$=\frac{1}{2}\pi a^4-\frac{1}{3}\pi a^4=\frac{1}{6}\pi a^4$,

依题意有 $V_x=V_y$，所以 $\frac{2\pi a^5}{15}=\frac{1}{6}\pi a^4$，解得 $a=\frac{5}{4}$，$a=0$(舍去)；

(2) $S=\iint\limits_D dx dy=\int_0^{\frac{5}{4}} dx\int_{x^2}^{\frac{5}{4}x} dy=\int_0^{\frac{5}{4}}\left(\frac{5}{4}x-x^2\right)dx=\left(\frac{5}{8}x^2-\frac{1}{3}x^3\right)\Big|_0^{\frac{5}{4}}=\frac{125}{384}$.

22. 解：(1) $f'(x)=\frac{a(x+1)^2-2(ax+b)(x+1)}{(x+1)^4}=\frac{-ax+a-2b}{(x+1)^3}$.

因为 $f(x)$ 在 $x=1$ 处取得极值 $-\frac{1}{4}$，

所以应有 $\begin{cases} f'(1)=0, \\ f(1)=-\frac{1}{4}, \end{cases}$ 即 $\begin{cases} \frac{-2b}{8}=0, \\ \frac{a+b}{4}=\frac{-1}{4}, \end{cases}$ 所以 $a=-1,b=0$；

(2) $f'(x)=\frac{x-1}{(x+1)^3}$，$f''(x)=\frac{-2x+4}{(x+1)^4}$. 令 $f''(x)=0$ 得 $x=2$.

x	$(-\infty,-1)$	-1	$(-1,2)$	2	$(2,+\infty)$
$f''(x)$	$+$	无定义	$+$	0	$-$
曲线 $y=f(x)$	$\cup$	无定义	$\cup$	拐点	$\cap$

由表可知，曲线的凹区间为 $(-\infty,-1)$，$(-1,2)$，凸区间为 $(2,+\infty)$，拐点为 $\left(2,-\frac{2}{9}\right)$；

(3) $f(x)=\frac{-x}{(x+1)^2}$.

因为 $\lim\limits_{x\to+\infty}\frac{-x}{(x+1)^2}=0$，所以 $y=0$ 是曲线的水平渐近线；

因为 $\lim\limits_{x\to -1}\dfrac{-x}{(x+1)^2}=\infty$，所以 $x=-1$ 是曲线的垂直渐近线.

23. 证明：令 $F(x)=(x-2)\ln(1-x)-2x$，则 $F(0)=0$.

    $F'(x)=\ln(1-x)+\dfrac{-(x-2)}{1-x}-2=\ln(1-x)+\dfrac{x-2}{x-1}-2$，则 $F'(0)=0$，

    $F''(x)=\dfrac{-1}{1-x}+\dfrac{1}{(x-1)^2}=\dfrac{x}{(x-1)^2}$.

    当 $0<x<1$ 时，$F''(x)>0$，所以 $F'(x)$ 单调递增，$F'(x)>F'(0)=0$.

    由 $F'(x)>0$ 又可知 $F(x)$ 单调递增，从而 $F(x)>F(0)=0$，

    即 $(x-2)\ln(1-x)-2x>0$，所以 $(x-2)\ln(1-x)>2x$.

24. 证明：方程两边对 x 求偏导数得 $\dfrac{\partial z}{\partial x}=f(y^2-z^2)+xf'\cdot(-2z)\dfrac{\partial z}{\partial x}$，

    所以 $\dfrac{\partial z}{\partial x}=\dfrac{f(y^2-z^2)}{1+2xzf'}$.

    方程两边对 y 求偏导数得 $1+\dfrac{\partial z}{\partial y}=xf'\cdot\left(2y-2z\dfrac{\partial z}{\partial y}\right)$，

    所以 $\dfrac{\partial z}{\partial y}=\dfrac{2xyf'-1}{1+2xzf'}$.

    于是 $x\dfrac{\partial z}{\partial x}+z\dfrac{\partial z}{\partial y}=\dfrac{xf(y^2-z^2)}{1+2xzf'}+\dfrac{2xyzf'-z}{1+2xzf'}=\dfrac{xf(y^2-z^2)+2xyzf'-z}{1+2xzf'}$

    $=\dfrac{y+2xyzf'}{1+2xzf'}=\dfrac{y(1+2xzf')}{1+2xzf'}=y$（注意到 $xf(y^2-z^2)-z=y$）.

2016 年

1. 解:极限 $\lim\limits_{x \to x_0} f(x)$ 是研究当 x 无限趋近于 x_0 时,函数 $f(x)$ 的变化趋势,与 $f(x)$ 在 $x = x_0$ 处是否有定义没有任何关系,故应选 D.

2. 解:因为 $\lim\limits_{x \to 0^+} \dfrac{x^2 \sin \dfrac{1}{x}}{\sin x} = \lim\limits_{x \to 0^+} \dfrac{x^2 \sin \dfrac{1}{x}}{x} = \lim\limits_{x \to 0^+} x \sin \dfrac{1}{x} = 0$,

   所以当 $x \to 0^+$ 时,$x^2 \sin \dfrac{1}{x}$ 是 $f(x) = \sin x$ 的高阶无穷小,应选 C.

3. 解:因为 $f'(x) = \sin x$,两边积分得 $\int f'(x) \mathrm{d}x = \int \sin x \mathrm{d}x$,

   即 $f(x) = -\cos x + C_1$,

   所以 $\int f(x) \mathrm{d}x = \int (-\cos x + C_1) \mathrm{d}x = -\sin x + C_1 x + C_2$.

   取 $C_1 = 0, C_2 = 0$ 可知 $f(x)$ 的一个原函数是 $-\sin x$,应选 B.

4. 解:因为 -1 是对应齐次方程特征方程的单特征根,

   所以原方程的一个特解应设为 $y^* = x(Ax + B)\mathrm{e}^{-x}$,应选 D.

5. 解:因为 $\dfrac{\partial z}{\partial x} = 2(x - y), \dfrac{\partial z}{\partial y} = -2(x - y)$,

   所以 $\mathrm{d}z \big|_{\substack{x=1 \\ y=0}} = 2(x-y)\big|_{\substack{x=1 \\ y=0}} \mathrm{d}x - 2(x-y)\big|_{\substack{x=1 \\ y=0}} \mathrm{d}y = 2\mathrm{d}x - 2\mathrm{d}y$,应选 B.

6. 解:令 $\lim\limits_{n \to \infty} \left| \dfrac{u_{n+1}}{u_n} \right| = \lim\limits_{n \to \infty} \left| \dfrac{2^{n+1} \cdot x^{n+1}}{(n+1)^2} \cdot \dfrac{n^2}{2^n x^n} \right| = 2|x| < 1$,解得 $-\dfrac{1}{2} < x < \dfrac{1}{2}$.

   当 $x = -\dfrac{1}{2}$ 时级数为 $\sum\limits_{n=1}^{\infty} \dfrac{(-1)^n}{n^2}$,收敛;

   当 $x = \dfrac{1}{2}$ 时级数为 $\sum\limits_{n=1}^{\infty} \dfrac{1}{n^2}$,收敛.

   所以 $\sum\limits_{n=1}^{\infty} \dfrac{2^n}{n^2} x^n$ 的收敛域为 $\left[-\dfrac{1}{2}, \dfrac{1}{2}\right]$,应选 A.

7. 解:$\lim\limits_{x \to 0}(1 - 2x)^{\frac{1}{x}} = \lim\limits_{x \to 0}(1 - 2x)^{\frac{-1}{2x} \cdot \frac{-2x}{x}} = \mathrm{e}^{-2}$,所以应填 e^{-2}.

8. 解:$2\boldsymbol{a} - \boldsymbol{b} = (-2, 3, 6), \boldsymbol{a} + 2\boldsymbol{b} = (9, -6, -2)$,

   所以 $(2\boldsymbol{a} - \boldsymbol{b}) \cdot (\boldsymbol{a} + 2\boldsymbol{b}) = (-2) \times 9 + 3 \times (-6) + 6 \times (-2) = -48$.

9. 解:$f(x) = x\mathrm{e}^x, f'(x) = x\mathrm{e}^x + \mathrm{e}^x = (x+1)\mathrm{e}^x$,

   $f''(x) = \mathrm{e}^x + (x+1)\mathrm{e}^x = (x+2)\mathrm{e}^x$,

   $f'''(x) = \mathrm{e}^x + (x+2)\mathrm{e}^x = (x+3)\mathrm{e}^x$,

   所以 $f^{(n)}(x) = (x+n)\mathrm{e}^x$. 应填 $(x+n)\mathrm{e}^x$.

10. 解:因为 $\lim\limits_{x \to \infty} f(x) = \lim\limits_{x \to \infty} \dfrac{x^2 + 1}{2x} \sin \dfrac{1}{x} = \lim\limits_{x \to \infty} \dfrac{x^2 + 1}{2x^2} = \dfrac{1}{2}$,

    所以函数 $f(x)$ 图象的水平渐近线方程为 $y = \dfrac{1}{2}$,应填 $y = \dfrac{1}{2}$.

11. 解：$F'(x) = \ln 2x \cdot (2x)' - \ln x \cdot (x)' = 2\ln 2x - \ln x$
    $= 2(\ln 2 + \ln x) - \ln x = 2\ln 2 + \ln x = \ln 4x$，应填 $\ln 4x$.

12. 解：$\sum_{n=1}^{\infty} \frac{1+(-1)^n}{2n} = \sum_{n=1}^{\infty}\left[\frac{1}{2n} + \frac{(-1)^n}{2n}\right]$，

    因为 $\sum_{n=1}^{\infty} \frac{1}{2n}$ 发散，$\sum_{n=1}^{\infty} \frac{(-1)^n}{2n}$ 收敛，

    所以由级数性质可知，$\sum_{n=1}^{\infty} \frac{1+(-1)^n}{2n}$ 发散，应填发散.

13. 解：$\lim_{x\to 0}\left(\frac{1}{x\sin x} - \frac{\cos x}{x^2}\right) = \lim_{x\to 0}\frac{x - \sin x \cos x}{x^2 \sin x} = \lim_{x\to 0}\frac{x - \frac{1}{2}\sin 2x}{x^3}$

    $= \lim_{x\to 0}\frac{1 - \cos 2x}{3x^2} = \lim_{x\to 0}\frac{\frac{1}{2}(2x)^2}{3x^2} = \lim_{x\to 0}\frac{2x^2}{3x^2} = \frac{2}{3}.$

14. 解：$e^{xy} = x + y$ 两边对 x 求导，得 $e^{xy}(y + xy') = 1 + y'$，

    所以 $y' = \frac{ye^{xy} - 1}{1 - xe^{xy}}.$

15. 解：令 $\sqrt{x-1} = t$，则 $x = t^2 + 1$，当 $x = 1$ 时 $t = 0$，当 $x = 5$ 时 $t = 2$.

    所以 $\int_1^5 \frac{1}{1+\sqrt{x-1}}dx = \int_0^2 \frac{1}{1+t}d(t^2+1) = 2\int_0^2 \frac{t+1-1}{1+t}dt = 2\int_0^2 dt - 2\int_0^2 \frac{1}{1+t}dt$

    $= 2t\Big|_0^2 - 2\ln(1+t)\Big|_0^2 = 4 - 2\ln 3.$

16. 解：$\int \frac{\ln x}{(1+x)^2}dx = -\int \ln x\, d\frac{1}{1+x} = \frac{-\ln x}{1+x} + \int \frac{1}{1+x}d\ln x = \frac{-\ln x}{1+x} + \int \frac{1}{x(1+x)}dx$

    $= \frac{-\ln x}{1+x} + \int\left(\frac{1}{x} - \frac{1}{1+x}\right)dx = \frac{-\ln x}{1+x} + \ln|x| - \ln|1+x| + C = \frac{-\ln x}{1+x} + \ln\left|\frac{x}{1+x}\right| + C.$

17. 解：方程可化成 $y' + \frac{2}{x}y = \frac{\sin x}{x^2}$，

    通解 $y = e^{-\int \frac{2}{x}dx}\left[\int \frac{\sin x}{x^2}e^{\int \frac{2}{x}dx}dx + C\right] = e^{-2\ln x}\left[\int \frac{\sin x}{x^2}e^{2\ln x}dx + C\right]$

    $= \frac{1}{x^2}\left[\int \sin x\, dx + C\right] = \frac{1}{x^2}(-\cos x + C)$

    将 $y|_{x=\pi} = 0$ 代入通解中得 $\frac{1}{\pi^2}(1+C) = 0$，所以 $C = -1.$

    故所求解为 $y = -\frac{\cos x + 1}{x^2}.$

18. 解：直线 l_1 的方向向量 $\boldsymbol{s}_1 = (1,3,1)$，直线 l_2 的方向向量 $\boldsymbol{s}_2 = (1,2,3)$，

    所求平面法向量 $\boldsymbol{n} \perp \boldsymbol{s}_1, \boldsymbol{n} \perp \boldsymbol{s}_2$，

所以可取 $\boldsymbol{n}=\boldsymbol{s}_1\times\boldsymbol{s}_2=\begin{vmatrix} \boldsymbol{i} & \boldsymbol{j} & \boldsymbol{k} \\ 1 & 3 & 1 \\ 1 & 2 & 3 \end{vmatrix}=7\boldsymbol{i}-2\boldsymbol{j}-\boldsymbol{k}.$

又平面过直线 l_1 上的点 $(1,1,1)$，

故其方程为 $7(x-1)-2(y-1)-(z-1)=0$，

即 $7x-2y-z-4=0.$

19. 解：$\dfrac{\partial z}{\partial x}=2xf'_1-f'_2$，

$\dfrac{\partial^2 z}{\partial x\partial y}=2x[f''_{11}\cdot(-1)+f''_{12}\cdot 2y]-[f''_{21}\cdot(-1)+f''_{22}\cdot 2y]$

$=-2xf''_{11}+(4xy+1)f''_{12}-2yf''_{22}.$

20. 解：解法 1（用直角坐标计算）

$\iint\limits_{D}x\,\mathrm{d}x\,\mathrm{d}y=\int_0^2\mathrm{d}y\int_{y-2}^{\sqrt{4-y^2}}x\,\mathrm{d}x=\int_0^2\mathrm{d}y\cdot\dfrac{1}{2}x^2\Big|_{y-2}^{\sqrt{4-y^2}}=\dfrac{1}{2}\int_0^2[4-y^2-(y-2)^2]\mathrm{d}y$

$=\dfrac{1}{2}\int_0^2(-2y^2+4y)\mathrm{d}y=\dfrac{1}{2}\left(-\dfrac{2}{3}y^3+2y^2\right)\Big|_0^2=\dfrac{4}{3}$

解法 2（在 D_1 上用直角坐标系计算，在 D_2 上用极坐标系计算）

$\iint\limits_{D}x\,\mathrm{d}x\,\mathrm{d}y=\iint\limits_{D_1}x\,\mathrm{d}x\,\mathrm{d}y+\iint\limits_{D_2}x\,\mathrm{d}x\,\mathrm{d}y=\int_{-2}^0\mathrm{d}x\int_0^{x+2}x\,\mathrm{d}y+\int_0^{\frac{\pi}{2}}\mathrm{d}\theta\int_0^2 r^2\cos\theta\,\mathrm{d}r$

$=\int_{-2}^0 x(x+2)\mathrm{d}x+\int_0^{\frac{\pi}{2}}\cos\theta\,\mathrm{d}\theta\cdot\dfrac{1}{3}r^3\Big|_0^2=\int_{-2}^0(x^2+2x)\mathrm{d}x+\dfrac{8}{3}\sin\theta\Big|_0^{\frac{\pi}{2}}$

$=\left(\dfrac{1}{3}x^3+x^2\right)\Big|_{-2}^0+\dfrac{8}{3}=\dfrac{4}{3}$

21. 解：证明：$f(x)=|x|=\begin{cases}-x & x<0 \\ x & x\geqslant 0\end{cases}$

(1) $f(0-0)=\lim\limits_{x\to 0^-}f(x)=\lim\limits_{x\to 0^-}(-x)=0$，

$f(0+0)=\lim\limits_{x\to 0^+}f(x)=\lim\limits_{x\to 0^+}x=0$，

因为 $f(0-0)=f(0+0)=f(0)$，所以 $f(x)$ 在 $x=0$ 处连续；

(2) $f'_-(0)=\lim\limits_{x\to 0^-}\dfrac{f(x)-f(0)}{x}=\lim\limits_{x\to 0^-}\dfrac{-x}{x}=-1$，

$f'_+(0)=\lim\limits_{x\to 0^+}\dfrac{f(x)-f(0)}{x}=\lim\limits_{x\to 0^+}\dfrac{x}{x}=1$，

因为 $f'_-(0)\neq f'_+(0)$，所以 $f(x)$ 在 $x=0$ 处不可导.

22. 解：证明：令 $F(x)=2x^3+1-3x^2$，$F'(x)=6x^2-6x=6x(x-1)$.

令 $F'(x)=0$ 得 $x=0, x=1$.

x	$-\dfrac{1}{2}$	$\left(-\dfrac{1}{2},0\right)$	0	$(0,1)$	1	$(1,+\infty)$
$F'(x)$		$+$	0	$-$	0	$+$
$F(x)$	0	↗	极大	↘	极小	↗

当 $x \geqslant -\dfrac{1}{2}$ 时,$F(x)$ 取得唯一极小值,即为最小值,最小值 $F(1)=0$.

所以当 $x \geqslant -\dfrac{1}{2}$ 时,$F(x) \geqslant 0$,即 $2x^3+1-3x^2 \geqslant 0$,

所以 $2x^3+1 \geqslant 3x^2$.

23. 解:上半圆方程为 $y=1+\sqrt{1-x^2}$.

(1) $S = \iint\limits_{D} \mathrm{d}x\,\mathrm{d}y = \int_0^1 \mathrm{d}x \int_{\sqrt{x}}^{1+\sqrt{1-x^2}} \mathrm{d}y = \int_0^1 \mathrm{d}x + \int_0^1 \sqrt{1-x^2}\,\mathrm{d}x - \int_0^1 \sqrt{x}\,\mathrm{d}x$

$= x \Big|_0^1 + \dfrac{\pi}{4} - \dfrac{2}{3} x^{\frac{3}{2}} \Big|_0^1 = \dfrac{\pi}{4} + \dfrac{1}{3}$;

(注:由定积分的几何意义可知 $\int_0^1 \sqrt{1-x^2}\,\mathrm{d}x = \dfrac{\pi}{4}$)

(2) $V = \int_0^1 \pi(1+\sqrt{1-x^2})^2\,\mathrm{d}x - \int_0^1 \pi(\sqrt{x})^2\,\mathrm{d}x = \pi\int_0^1(2+2\sqrt{1-x^2}-x^2)\,\mathrm{d}x - \pi\int_0^1 x\,\mathrm{d}x$

$= \pi\int_0^1 2\,\mathrm{d}x + 2\pi\int_0^1 \sqrt{1-x^2}\,\mathrm{d}x - \pi\int_0^1 x^2\,\mathrm{d}x - \dfrac{1}{2}\pi x^2 \Big|_0^1$

$= 2\pi x \Big|_0^1 + 2\pi \times \dfrac{1}{4}\pi - \dfrac{1}{3}\pi x^3 \Big|_0^1 - \dfrac{1}{2}\pi x^2 \Big|_0^1 = \dfrac{\pi^2}{2} + \dfrac{7}{6}\pi.$

24. 解:(1) 因定积分的值是一个常数,故可设 $\int_1^2 f(x)\,\mathrm{d}x = A$,

所以 $f(x) = \dfrac{1}{x^2} + 2A$,$\int_1^2 f(x)\,\mathrm{d}x = \int_1^2 \left(\dfrac{1}{x^2} + 2A\right) \mathrm{d}x$,

即 $A = \left(\dfrac{-1}{x} + 2Ax\right) \Big|_1^2 = \dfrac{1}{2} + 2A$,所以 $A = -\dfrac{1}{2}$,

故 $f(x) = \dfrac{1}{x^2} - 1$;

(2) $\int_1^{+\infty} f(x)\,\mathrm{d}x = \lim\limits_{b \to +\infty} \int_1^b \left(\dfrac{1}{x^2} - 1\right) \mathrm{d}x = \lim\limits_{b \to +\infty} \left(-\dfrac{1}{x} - x\right) \Big|_1^b$

$= \lim\limits_{b \to +\infty} \left(-\dfrac{1}{b} - b + 2\right) = -\infty$,

所以反常积分 $\int_1^{+\infty} f(x)\,\mathrm{d}x$ 发散.

2017 年

1. 解：对于 A，因若 $f'(x_0)=0$，但在点 $x=x_0$ 的左、右两侧 $f'(x)$ 同号，则 $f(x)$ 在点 $x=x_0$ 处不取得极值. 所以 A 错.

   对于 B，因在 $f'(x)$ 不存在的点处 $f(x)$ 也可能取得极限，所以 B 错.

   对于 C，由上述两点可知 C 错.

   应选 D.

2. 解：$\because \lim\limits_{x \to 0} \dfrac{\sqrt{1+x}-\sqrt{1-x}}{x} = \lim\limits_{x \to 0} \dfrac{2x}{x(\sqrt{1+x}+\sqrt{1-x})} = 1$

   $\therefore$ 当 $x \to 0$ 时，$\sqrt{1+x}-\sqrt{1-x}$ 是与 x 同阶的无穷小.

   应选 B.

3. 解：$\because f(0)=2$

   $f(0-0) = \lim\limits_{x \to 0^-} f(x) = \lim\limits_{x \to 0^-}(e^x - 1) = 0$

   $f(0+0) = \lim\limits_{x \to 0^+} f(x) = \lim\limits_{x \to 0^+} x\sin\dfrac{1}{x} = 0$

   $f(0-0) = f(0+0) \neq f(0)$

   $\therefore x=0$ 是 $f(x)$ 的可去间断点.

   应选 A.

4. 解：$\because \lim\limits_{x \to \infty} \dfrac{x^2-6x+8}{x^2+4x} = 1$ $\therefore y=1$ 是曲线的水平渐近线

   $\because \lim\limits_{x \to 0} \dfrac{x^2-6x+8}{x^2+4x} = \infty$，$\lim\limits_{x \to -4} \dfrac{x^2-6x+8}{x^2+4x} = \infty$

   $\therefore x=0, x=-4$ 是曲线的垂直渐近线

   故曲线共有 3 条渐近线，应选 C.

5. 解：$\because \lim\limits_{x \to 0} \dfrac{f(2x)-f(x)}{x} = (2-1)f'(0) = f'(0)$ $\therefore$ 应选 D

6. 解：当 $p>1$ 时，因 $\sum\limits_{n=1}^{\infty}\left|\dfrac{(-1)^n}{n^p}\right| = \sum\limits_{n=1}^{\infty}\dfrac{1}{n^p}$ 收敛，故 $\sum\limits_{n=1}^{\infty}\dfrac{(-1)^n}{n^p}$ 绝对收敛.

   据此可排除 A、B

   当 $p=1$ 时 $\sum\limits_{n=1}^{\infty}\dfrac{(-1)^n}{n}$ 条件收敛，应选 C.

7. 解：$\because \lim\limits_{x \to \infty}\left(\dfrac{x-1}{x}\right)^x = \lim\limits_{x \to \infty}\left(1+\dfrac{-1}{x}\right)^{-x\cdot(-1)} = e^{-1}$

   $\displaystyle\int_{-\infty}^{a} e^x \, dx = \lim\limits_{b \to -\infty}\int_{b}^{a} e^x \, dx = \lim\limits_{b \to -\infty} e^x \Big|_{b}^{a} = \lim\limits_{b \to -\infty}(e^a - e^b) = e^a$

   由 $e^{-1}=e^a$ 可得 $a=-1$，应填：-1.

8. 解：由 $dy = y'dx$ 可知 $f'(x) = e^{2x}$

   $\therefore f''(x) = [f'(x)]' = (e^{2x})' = 2e^{2x}$，应填：$2e^{2x}$.

9. 解：$\dfrac{dx}{dt} = 3t^2 + 3$，$\dfrac{dy}{dt} = \cos t$

$$\frac{dy}{dx} = \frac{dy}{dt} \bigg/ \frac{dx}{dt} = \frac{\cos t}{3t^2+3}$$

当 $x=1, y=1$ 时 $t=0$

$$\therefore \frac{dy}{dx}\bigg|_{(1,1)} = \frac{\cos t}{3t^2+3}\bigg|_{t=0} = \frac{1}{3}, \text{应填}: \frac{1}{3}.$$

10. 解: $\because f(x) = (\cos x)' = -\sin x$

$$\therefore \int xf(x)dx = -\int x\sin x\, dx = \int x\, d\cos x$$

$$= x\cos x - \int \cos x\, dx = x\cos x - \sin x + C$$

应填: $x\cos x - \sin x + C$.

11. 解: $\because |\boldsymbol{a}+\boldsymbol{b}|^2 = (\boldsymbol{a}+\boldsymbol{b})\cdot(\boldsymbol{a}+\boldsymbol{b}) = \boldsymbol{a}\cdot\boldsymbol{a} + 2\boldsymbol{a}\cdot\boldsymbol{b} + \boldsymbol{b}\cdot\boldsymbol{b}$

$$= |\boldsymbol{a}|^2 + 2|\boldsymbol{a}||\boldsymbol{b}|\cos(\boldsymbol{a}\wedge\boldsymbol{b}) + |\boldsymbol{b}|^2$$

$$= 1 + 2\cos\frac{x}{3} + 1 = 3$$

$\therefore |\boldsymbol{a}+\boldsymbol{b}| = \sqrt{3}$ 应填: $\sqrt{3}$.

12. 解: $\because \rho = \lim\limits_{n\to\infty}\left|\frac{a_{n+1}}{a_n}\right| = \lim\limits_{n\to\infty}\left|\frac{n+1}{4^{n+1}}\cdot\frac{4^n}{n}\right| = \frac{1}{4}$

$\therefore$ 收敛半径 $R = \frac{1}{\rho} = 4$ 应填: 4.

13. 解: $\lim\limits_{x\to 0}\dfrac{\int_0^x (e^{t^2}-1)dt}{\tan x - x} = \lim\limits_{x\to 0}\dfrac{e^{x^2}-1}{\sec^2 x - 1} = \lim\limits_{x\to 0}\dfrac{x^2}{\tan^2 x} = \lim\limits_{x\to 0}\dfrac{x^2}{x^2} = 1$

14. 解: 方程两边对 x 求偏导数得: $\dfrac{\partial z}{\partial x} + \dfrac{1}{z}\dfrac{\partial z}{\partial x} - y = 0$ (1)

(1) 式两边再对 x 求偏导数得: $\dfrac{\partial^2 z}{\partial x^2} + \dfrac{-1}{z^2}\left(\dfrac{\partial z}{\partial x}\right)^2 + \dfrac{1}{z}\dfrac{\partial^2 z}{\partial x^2} = 0$

$$\therefore \frac{\partial^2 z}{\partial x^2} = \frac{\left(\dfrac{\partial z}{\partial x}\right)^2}{z(z+1)} \qquad (2)$$

由 (1) 式可知, $\dfrac{\partial z}{\partial x} = \dfrac{yz}{z+1}$, 将此结果代入 (2) 式得

$$\frac{\partial^2 z}{\partial x^2} = \frac{y^2 z}{(z+1)^3}$$

15. 解: 令 $\sqrt{x+3} = t$, 则 $x = t^2 - 3$

$$\int \frac{x^2}{\sqrt{x+3}}dx = \int \frac{(t^2-3)^2}{t} d(t^2-3) = 2\int (t^2-3)^2 dt$$

$$= 2\int (t^4 - 6t^2 + 9)dt = \frac{2}{5}t^5 - 4t^3 + 18t + c$$

$$= \frac{2}{5}(x+3)^2\sqrt{x+3} - 4(x+3)\sqrt{x+3} + 18\sqrt{x+3} + c$$

16. 解：$\int_0^{\frac{1}{2}} x \arcsin x \, dx = \frac{1}{2}\int_0^{\frac{1}{2}} \arcsin x \, dx^2$

$= \frac{1}{2}x^2 \arcsin x \Big|_0^{\frac{1}{2}} - \frac{1}{2}\int_0^{\frac{1}{2}} x^2 \, d\arcsin x = \frac{\pi}{48} - \frac{1}{2}\int_0^{\frac{1}{2}} \frac{x^2}{\sqrt{1-x^2}} dx$

$\underline{\text{令 } x = \sin t} \; \frac{\pi}{48} - \frac{1}{2}\int_0^{\frac{\pi}{6}} \frac{\sin^2 t}{\cos t} d\sin t = \frac{\pi}{48} - \frac{1}{2}\int_0^{\frac{\pi}{6}} \sin^2 t \, dt$

$= \frac{\pi}{48} - \frac{1}{4}\int_0^{\frac{\pi}{6}}(1-\cos 2t) dt = \frac{\pi}{48} - \frac{1}{4}t \Big|_0^{\frac{\pi}{6}} + \frac{1}{4}\int_0^{\frac{\pi}{6}} \cos 2t \, dt$

$= -\frac{\pi}{48} + \frac{1}{8}\sin 2t \Big|_0^{\frac{\pi}{6}} = \frac{\sqrt{3}}{16} - \frac{\pi}{48}$

17. 解：$\frac{\partial z}{\partial x} = y[f_1' \cdot 0 + f_2' \cdot y] = y^2 f_2'$

$\frac{\partial^2 z}{\partial x \partial y} = 2y f_2' + y^2[f_{21}'' \cdot 2y + f_{22}'' \cdot x]$

$= 2y f_2' + 2y^3 f_{21}'' + xy^2 f_{22}''$

18. 解：两已知直线的方向向量分别为 $\boldsymbol{s}_1 = (-1, 2, -1)$

$\boldsymbol{s}_2 = \begin{vmatrix} \boldsymbol{i} & \boldsymbol{j} & \boldsymbol{k} \\ 4 & 3 & 2 \\ 1 & -1 & 1 \end{vmatrix} = 5\boldsymbol{i} - 2\boldsymbol{j} - 7\boldsymbol{k}$

所求直线的方向向量 $\boldsymbol{s} \perp \boldsymbol{s}_1, \boldsymbol{s} \perp \boldsymbol{s}_2$

$\therefore$ 可取 $\boldsymbol{s} = \boldsymbol{s}_1 \times \boldsymbol{s}_2 = \begin{vmatrix} \boldsymbol{i} & \boldsymbol{j} & \boldsymbol{k} \\ -1 & 2 & -1 \\ 5 & -2 & -7 \end{vmatrix} = -16\boldsymbol{i} - 12\boldsymbol{j} - 8\boldsymbol{k}$

又 $\because$ 所求直线过点 $(1, 1, 1)$

$\therefore$ 其方程为 $\frac{x-1}{-16} = \frac{y-1}{-12} = \frac{z-1}{-8}$

即 $\frac{x-1}{4} = \frac{y-1}{3} = \frac{z-1}{2}$.

19. 对应多次方程 $y'' - 2y' + 3y = 0$ 的特征方程 $r^2 - 2r + 3 = 0$

特征根 $r_{1,2} = \frac{2 \pm \sqrt{4-12}}{2} = 1 \pm \sqrt{2}i$

其通解 $\bar{y} = e^x(c_1 \cos\sqrt{2}x + c_2 \sin\sqrt{2}x)$

设原方程一个特解原 $y^* = ax + b$，则 $y^{*'} = a$，$y^{*''} = 0$

将 y^* 代入原方程得 $-2a + 3ax + 3b = 3x$

比较两边同类项解得 $\begin{cases} 3a = 3 \\ -2a + 7b = 0 \end{cases}$ $\therefore \begin{cases} a = 1 \\ b = \frac{2}{3} \end{cases}$

$\therefore y^* = x + \frac{2}{3}$

原方程通解 $y = \bar{y} + y^* = e^x(c_1 \cos\sqrt{2}x + c_2 \sin\sqrt{2}x) + x + \frac{2}{3}$.

20. 解：$\iint\limits_{D}\dfrac{2x}{y}dxdy = \int_1^2 dy\int_{\sqrt{y-1}}^{3-y}\dfrac{2x}{y}dx$

$= \int_1^2 dy \cdot \dfrac{1}{y}x^2\Big|_{\sqrt{y-1}}^{3-y}$

$= \int_1^2 dy \cdot \dfrac{1}{y}[(3-y)^2 - (\sqrt{y-1})^2]$

$= \int_1^2 \left(\dfrac{10}{y} - 7 + y\right)dy$

$= \left(10\ln|y| - 7y + \dfrac{1}{2}y^2\right)\Big|_1^2 = 10\ln 2 - \dfrac{11}{2}$

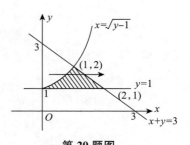

第20题图

21. 证明：令 $F(x) = 2 - x\sin x - 2\cos x$，则 $F(0) = 0$

$F'(x) = \sin x - x\cos x$，$F'(0) = 0$

$F''(x) = x\sin x$

当 $0 < x < \pi$ 时，$F''(x) > 0$

$\therefore F'(x)$ 单调递增，$F'(x) > F'(0) = 0$

由 $F'(x) > 0$ 又可知 $F(x)$ 单调递增，$F(x) > F(0) = 0$

$\therefore$ 当 $0 < x < \pi$ 时，$2 - x\sin x - 2\cos x > 0$，即 $x\sin x + 2\cos x < 2$

又当 $x = \pi$ 时，$x\sin x + 2\cos x < 2$ 亦成立.

故当 $0 < x \leqslant \pi$ 时，$x\sin x + 2\cos x < 2$.

22. 证明：$\because f(x)$ 是奇函数，$\therefore f(-x) = -f(x)$

(1) 对于 $\int_{-a}^{0}f(x)dx$，令 $x = -t$，当 $x = -a$ 时 $t = a$，当 $x = 0$ 时 $t = 0$

$\therefore \int_{-a}^{0}f(x)dx = \int_{a}^{0}f(-t)d(-t) = -\int_{a}^{0}f(-t)dt = \int_{0}^{a}f(-x)dx = -\int_{0}^{a}f(x)dx$

(2) $\int_{-a}^{a}f(x)dx = \int_{-a}^{0}f(x)dx + \int_{0}^{a}f(x)dx$ ①

由(1)证得的结果可知 $\int_{-a}^{0}f(x)dx = -\int_{0}^{a}f(x)dx$

代入①式得 $\int_{-a}^{a}f(x)dx = -\int_{0}^{a}f(x)dx + \int_{0}^{a}f(x)dx = 0$.

23. 解：(1) 设切点为 (a, e^a)

$y' = e^x$，$K_{切} = y'\big|_{x=a} = e^a$

切线方程为 $y - e^a = e^a(x - a)$

$\because$ 切线过原点

$\therefore$ 有 $-e^a = e^a(-a)$

$a = 1$

故切线方程为 $y = ex$

所求面积 $S = \int_0^1 (e^x - ex)dx = \left(e^x - \dfrac{1}{2}ex^2\right)\Big|_0^1 = \dfrac{e}{2} - 1$.

(2) 所求旋转体的体积 $V = \int_0^1 \pi(ex)^2 dx - \int_0^1 \pi(ex)^2 dx$

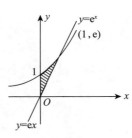

第23题图

$$= \pi \int_0^1 e^{2x} dx - \pi e^2 \int_0^1 x^2 dx = \frac{1}{2}\pi e^{2x}\Big|_0^1 - \frac{\pi e^2}{3}x^3\Big|_0^1 = \frac{\pi}{6}e^2 - \frac{\pi}{2}$$

24. 解：(1) 方程可化成 $f'(x) - \frac{8}{3x}f(x) = 4x^{\frac{2}{3}}$

通解 $f(x) = e^{\int \frac{8}{3x}dx}\left[\int 4x^{\frac{2}{3}} \cdot e^{-\int \frac{8}{3x}dx}dx + c\right]$

$= e^{\frac{8}{3}\ln x}\left[\int 4x^{\frac{2}{3}} \cdot e^{-\frac{8}{3}\ln x}dx + c\right]$

$= x^{\frac{8}{3}}\left[4\int x^{-2}dx + c\right] = -4x^{\frac{5}{3}} + cx^{\frac{8}{3}}$

∵ 曲线过点 $(-1, 5)$ ∴ $f(-1) = 5$ 代入通解中解得 $c = 1$

故 $f(x) = x^{\frac{8}{3}} - 4x^{\frac{5}{3}}$.

(2) $f(x)$ 的定义域为 $(-\infty, +\infty)$

$f'(x) = \frac{-20}{3}x^{\frac{2}{3}} + \frac{8}{3}x^{\frac{5}{3}}$,

$f''(x) = \frac{-40}{9}x^{-\frac{1}{3}} + \frac{40}{9}x^{\frac{2}{3}}$

$= \frac{40(x-1)}{9\sqrt[3]{x}}$

令 $f''(x) = 0$ 得 $x = 1$，当 $x = 0$ 时 $f''(x)$ 不存在

x	$(-\infty, 0)$	0	$(0, 1)$	1	$(1, +\infty)$
$f''(x)$	+	不存在	−	0	+
曲线 $y = f(x)$	∪	拐点$(0, 0)$	∩	拐点$(1, -3)$	∪

由表可知，曲线 $y = f(x)$ 的凹区间为 $(-\infty, 0)$，$(1, +\infty)$，凸区间为 $(0, 1)$，拐点为 $(0, 0)$，$(1, -3)$.

2018 年

1. 解：$\because \lim\limits_{x \to 0} \dfrac{\sqrt{1+x^3}-1}{x\sin^2 x} = \lim\limits_{x \to 0} \dfrac{\frac{1}{2}x^3}{x^3} = \dfrac{1}{2}$

   $\therefore$ 当 $x \to 0$ 时，$\sqrt{1+x^3}-1$ 与 $x\sin^2 x$ 是同阶无穷小，应选 B.

2. 解：$\because x=1$ 是 $f(x) = \dfrac{x-a}{x^2+x+b}$ 的可去间断点.

   $\therefore$ 极限 $\lim\limits_{x \to 1} \dfrac{x-a}{x^2+x+b}$ 必是 "$\dfrac{0}{0}$" 型极限，且极限存在.

   由 $\begin{cases} \lim\limits_{x \to 1}(x-a) = 0 \\ \lim\limits_{x \to 1}(x^2+x+b) = 0 \end{cases}$ 解得 $\begin{cases} a=1 \\ b=-2 \end{cases}$

   应选 A.

3. 解：$\because f'(x) = \varphi'\left(\dfrac{1-x}{1+x}\right) \cdot \dfrac{-(1+x)-(1-x)}{(1+x)^2} = \varphi'\left(\dfrac{1-x}{1+x}\right) \cdot \dfrac{-2}{(1+x)^2}$

   $\therefore f'(0) = \varphi'(1) \cdot (-2) = -6$

   应选 A.

4. 解：$\because F(x) = e^{2x}$ 是 $f(x)$ 的一个原函数.

   $\therefore$ 有 $\begin{cases} f(x) = F'(x) = 2e^{2x} \\ \int f(x)\mathrm{d}x = e^{2x} + C \end{cases}$

   故 $\int x f'(x)\mathrm{d}x = \int x\mathrm{d}f(x) = xf(x) - \int f(x)\mathrm{d}x$

   $= 2xe^{2x} - e^{2x} + C = (2x-1)e^{2x} + C$

   应选 B.

5. 解：$\because \int_0^{+\infty} \dfrac{1}{1+x}\mathrm{d}x = \lim\limits_{b \to +\infty}\int_0^b \dfrac{1}{1+x}\mathrm{d}x = \lim\limits_{b \to +\infty} \ln(1+x)\Big|_0^b$

   $= \lim\limits_{b \to +\infty} \ln(1+b) = +\infty$

   $\therefore$ 反常积分 $\int_0^{+\infty} \dfrac{1}{1+x}\mathrm{d}x$ 发散.

   应选 D.

6. 解：$\because \left|\dfrac{\sin n}{n^2}\right| \leqslant \dfrac{1}{n^2}$，而 $\sum\limits_{n=1}^{\infty} \dfrac{1}{n^2}$ 收敛.

   $\therefore \sum\limits_{n=1}^{\infty} \dfrac{\sin n}{n^2}$ 绝对收敛.

   应选 C.

7. 解：$\because \lim\limits_{x \to 0}(1+ax)^{\frac{1}{x}} = \lim\limits_{x \to 0}(1+ax)^{\frac{1}{ax} \cdot a} = e^a$

   又 $\because \lim\limits_{x \to \infty} x\sin\dfrac{2}{x} = \lim\limits_{x \to \infty} x \cdot \dfrac{2}{x} = 2$

105

由 $e^a = 2$ 解得 $a = \ln 2$

应填 $\ln 2$.

8. 解: $y = x^{\sqrt{x}} = e^{\sqrt{x}\ln x}$

$$y' = e^{\sqrt{x}\ln x}\left(\frac{\ln x}{2\sqrt{x}} + \frac{\sqrt{x}}{x}\right) = x^{\sqrt{x}} \cdot \frac{\ln x + 2}{2\sqrt{x}}.$$

应填 $x^{\sqrt{x}} \cdot \dfrac{\ln x + 2}{2\sqrt{x}}$.

9. 解: 方程 $z^2 + xyz = 1$ 两边对 x 求偏导数得

$$2z \cdot \frac{\partial z}{\partial x} + yz + xy\frac{\partial z}{\partial x} = 0$$

$$\therefore \frac{\partial z}{\partial x} = \frac{-yz}{2z + xy}$$

应填 $\dfrac{-yz}{2z + xy}$.

10. 解: $y' = 12x^3 + 12x^2 - 12x - 12$

$y'' = 36x^2 + 24x - 12 = 12(3x^2 + 2x - 1) = 12(x+1)(3x-1)$

令 $y'' < 0$, 由 $(x+1)(3x-1) < 0$ 得 $\begin{cases} x+1 > 0 \\ 3x-1 < 0 \end{cases}$ 或 $\begin{cases} x+1 < 0 \\ 3x-1 > 0 \end{cases}$

即 $\begin{cases} x > -1 \\ x < \dfrac{1}{3} \end{cases}$ 即 $-1 < x < \dfrac{1}{3}$

或 $\begin{cases} x < -1 \\ x > \dfrac{1}{3} \end{cases}$ 无解.

$\therefore$ 曲线的凸区间为 $\left(-1, \dfrac{1}{3}\right)$.

应填 $\left(-1, \dfrac{1}{3}\right)$.

11. 解: $\overrightarrow{MA} = (0, 0, -1), \overrightarrow{MB} = (1, 0, 1)$

$\angle AMB$ 是 $\overrightarrow{MA}$ 与 $\overrightarrow{MB}$ 的夹角.

$$\cos\angle AMB = \frac{\overrightarrow{MA} \cdot \overrightarrow{MB}}{|\overrightarrow{MA}||\overrightarrow{MB}|} = -\frac{\sqrt{2}}{2}$$

$\therefore \angle AMB = \dfrac{3\pi}{4}$ 应填 $\dfrac{3\pi}{4}$.

12. 解: 令 $\lim\limits_{x\to\infty}\left|\dfrac{u_{n+1}(x)}{u_n(x)}\right| = \lim\limits_{x\to\infty}\left|\dfrac{(x+4)^{n+1}}{(n+1)\cdot 5^{n+1}} \cdot \dfrac{n\cdot 5^n}{(x+4)^n}\right|$

$= \dfrac{1}{5}|x+4| < 1$

解得 $-9 < x < 1$

当 $x = -9$ 时, 级数为 $\sum\limits_{n=1}^{\infty}\dfrac{(-5)^n}{n\cdot 5^n} = \sum\limits_{n=1}^{\infty}\dfrac{(-1)^n}{n}$, 收敛.

当 $x=1$ 时,级数为 $\sum_{n=1}^{\infty}\frac{1}{n}$,发散.

∴ 幂级数 $\sum_{n=1}^{\infty}\frac{(x+4)^n}{n\cdot 5^n}$ 的收敛域为 $[-9,1)$

应填 $[-9,1)$.

13. 解:$\lim\limits_{x\to 0}\left[\dfrac{1}{x^2}-\dfrac{1}{\ln(1+x^2)}\right]=\lim\limits_{x\to 0}\dfrac{\ln(1+x^2)-x^2}{x^2\ln(1+x^2)}$

$=\lim\limits_{x\to 0}\dfrac{\ln(1+x^2)-x^2}{x^4}=\lim\limits_{x\to 0}\dfrac{\dfrac{2x}{1+x^2}-2x}{4x^3}$

$=\lim\limits_{x\to 0}\dfrac{2x-2x(1+x^2)}{4x^3(1+x^2)}=\lim\limits_{x\to 0}\dfrac{-2x^3}{4x^3(1+x^2)}=-\dfrac{1}{2}$

14. 解:由 $x^3-xt^2+t-1=0$ 两边对 t 求导得

$3x^2\dfrac{\mathrm{d}x}{\mathrm{d}t}-\dfrac{\mathrm{d}x}{\mathrm{d}t}\cdot t^2-2xt+1=0$

∴ $\dfrac{\mathrm{d}x}{\mathrm{d}t}=\dfrac{2xt-1}{3x^2-t^2}$

又由 $y=t^3+t+1$ 两边对 t 求导得 $\dfrac{\mathrm{d}y}{\mathrm{d}t}=3t^2+1$

∴ $\dfrac{\mathrm{d}y}{\mathrm{d}x}\bigg|_{t=0}=\dfrac{\mathrm{d}y}{\mathrm{d}t}\bigg/\dfrac{\mathrm{d}x}{\mathrm{d}t}\bigg|_{t=0}=(3t^2+1)\cdot\dfrac{3x^2-t^2}{2xt-1}\bigg|_{t=0}=-3x^2$

而由原方程可知,当 $t=0$ 时 $x=1$

∴ $\dfrac{\mathrm{d}y}{\mathrm{d}x}\bigg|_{t=0}=-3x^2\bigg|_{x=1}=-3$.

15. 解:令 $\sqrt{x+1}=t$,则 $x=t^2-1$

∴ $\displaystyle\int\dfrac{1}{x\sqrt{x+1}}\mathrm{d}x=\int\dfrac{1}{(t^2-1)\cdot t}\mathrm{d}(t^2-1)=2\int\dfrac{1}{(t^2-1)}\mathrm{d}t$

$=\displaystyle\int\left(\dfrac{1}{t-1}-\dfrac{1}{t+1}\right)\mathrm{d}t=\ln|t-1|-\ln|t+1|+C$

$=\ln\left|\dfrac{t-1}{t+1}\right|+C=\ln\left|\dfrac{\sqrt{x+1}-1}{\sqrt{x+1}+1}\right|+C$

16. 解:$\displaystyle\int_1^2(2x+1)\ln x\,\mathrm{d}x=\int_1^2\ln x\,\mathrm{d}(x^2+x)$

$=(x^2+x)\ln x\bigg|_1^2-\displaystyle\int_1^2(x^2+x)\mathrm{d}\ln x$

$=6\ln 2-\displaystyle\int_1^2\dfrac{x^2+x}{x}\mathrm{d}x=6\ln 2-\int_1^2(x+1)\mathrm{d}x$

$=6\ln 2-\left(\dfrac{1}{2}x^2+x\right)\bigg|_1^2=6\ln 2-\dfrac{5}{2}$

17. 解:已知直线的方向向量 $\boldsymbol{s}=(3,4,5)$

点 $A(1,1,1)$ 在已知直线上,$\overrightarrow{MA}=(0,-1,-2)$ 在所求平面上.

∴ 所求平面法向量 $\boldsymbol{n} \perp \boldsymbol{s}, \boldsymbol{n} \perp \overrightarrow{MA}$,

可取 $\boldsymbol{n} = \boldsymbol{s} \times \overrightarrow{MA} = \begin{vmatrix} \boldsymbol{i} & \boldsymbol{j} & \boldsymbol{k} \\ 3 & 4 & 5 \\ 0 & -1 & -2 \end{vmatrix} = -3\boldsymbol{i} + 6\boldsymbol{j} - 3\boldsymbol{k}$

又所求平面过点 $M(1,2,3)$

∴ 其方程为 $-3(x-1) + 6(y-2) - 3(z-3) = 0$

即 $x - 2y + z = 0$.

18. 解:方程 $(y^3 - 2x^2 y)\mathrm{d}x + 2x^3 \mathrm{d}y = 0$

可化成 $\dfrac{\mathrm{d}y}{\mathrm{d}x} = \dfrac{y}{x} - \dfrac{1}{2}\left(\dfrac{y}{x}\right)^3$

令 $\dfrac{y}{x} = u$,则 $y = xu$,$\dfrac{\mathrm{d}y}{\mathrm{d}x} = u + x\dfrac{\mathrm{d}u}{\mathrm{d}x}$

代入原方程得 $u + x\dfrac{\mathrm{d}u}{\mathrm{d}x} = u - \dfrac{1}{2}u^3$

分离变量得 $\dfrac{-2}{u^3}\mathrm{d}u = \dfrac{1}{x}\mathrm{d}x$

两边积分得 $\dfrac{1}{u^2} = \ln|x| + C$

将 $u = \dfrac{y}{x}$ 代回得微分方程的通解 $y^2 = \dfrac{x^2}{\ln|x| + C}$.

19. 解:$\dfrac{\partial z}{\partial x} = f\left(y, \dfrac{x}{y}\right) + x\left[f_1' \cdot 0 + f_2' \cdot \dfrac{1}{y}\right] = f\left(y, \dfrac{x}{y}\right) + \dfrac{x}{y}f_2'$

$\dfrac{\partial z}{\partial y} = x\left[f_1' \cdot 1 + f_2' \cdot \dfrac{-x}{y^2}\right] = xf_1' - \dfrac{x^2}{y^2}f_2'$

∴ $\mathrm{d}z = \dfrac{\partial z}{\partial x}\mathrm{d}x + \dfrac{\partial z}{\partial y}\mathrm{d}y$

$= \left[f\left(y, \dfrac{x}{y}\right) + \dfrac{x}{y}f_2'\right]\mathrm{d}x + \left[xf_1' - \dfrac{x^2}{y^2}f_2'\right]\mathrm{d}y$

20. 解:$\iint\limits_{D} x\,\mathrm{d}x\,\mathrm{d}y = \int_0^{\frac{\pi}{4}}\mathrm{d}\theta \int_0^{2\cos\theta} r\cos\theta \cdot r\sin\theta \cdot r\,\mathrm{d}r$

$= \int_0^{\frac{\pi}{4}}\mathrm{d}\theta \cos\theta \sin\theta \cdot \dfrac{1}{4}r^4\bigg|_0^{2\cos\theta}$

$= 4\int_0^{\frac{\pi}{4}}\cos^5\theta \sin\theta\,\mathrm{d}\theta = -4\int_0^{\frac{\pi}{4}}\cos^5\theta\,\mathrm{d}\cos\theta$

$= -\dfrac{2}{3}\cos^6\theta\bigg|_0^{\frac{\pi}{4}}$

$= -\dfrac{2}{3}\left[\left(\dfrac{\sqrt{2}}{2}\right)^6 - 1\right] = \dfrac{7}{12}$

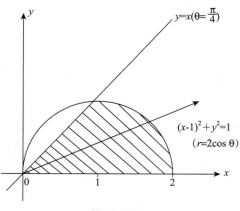

第20题图

21. 证明：令 $F(x) = \dfrac{2}{e}\sqrt{x} - \ln x \ (x > 0)$

则 $F'(x) = \dfrac{1}{e\sqrt{x}} - \dfrac{1}{x} = \dfrac{\sqrt{x} - e}{ex}$

令 $F'(x) = 0$ 得 $x = e^2$

当 $0 < x < e^2$ 时，$F'(x) < 0$，$F(x)$ 单调递减.

当 $x > e^2$ 时，$F'(x) > 0$，$F(x)$ 单调递增.

∴ 当 $x = e^2$ 时，$F(x)$ 取得最小值，最小值 $F(e^2) = 0$.

故当 $x > 0$ 时，$F(x) \geqslant 0$，即 $\dfrac{2}{e}\sqrt{x} - \ln x \geqslant 0$

∴ $\ln x \leqslant \dfrac{2}{e}\sqrt{x}$.

22. 证明：当 $x \neq 0$ 时，$F'(x) = \dfrac{xf(x) - \int_0^x f(t)\,dt}{x^2}$

当 $x = 0$ 时，$F'(0) = \lim\limits_{x \to 0} \dfrac{F(x) - F(0)}{x} = \lim\limits_{x \to 0} \dfrac{\dfrac{\int_0^x f(t)\,dt}{x} - 0}{x}$

$= \lim\limits_{x \to 0} \dfrac{\int_0^x f(t)\,dt}{x^2} = \lim\limits_{x \to 0} \dfrac{f(x)}{2x} = \dfrac{1}{2}$.

∴ $F'(x) = \begin{cases} \dfrac{xf(x) - \int_0^x f(t)\,dt}{x^2} & x \neq 0 \\ \dfrac{1}{2} & x = 0 \end{cases}$

∵ $\lim\limits_{x \to 0} F'(x) = \lim\limits_{x \to 0} \dfrac{xf(x) - \int_0^x f(t)\,dt}{x^2}$

$= \lim\limits_{x \to 0} \left[\dfrac{f(x)}{x} - \dfrac{\int_0^x f(t)\,dt}{x^2} \right]$

$= 1 - \lim\limits_{x \to 0} \dfrac{\int_0^x f(t)\,dt}{x^2} = 1 - \lim\limits_{x \to 0} \dfrac{f(x)}{2x}$

$= 1 - \dfrac{1}{2} = \dfrac{1}{2} = F'(0)$

∴ $F'(x)$ 在 $x = 0$ 处连续.

23. 解:(1) $S_D = \int_{\frac{\pi}{4}}^{\pi} \sin x \, dx - \int_{\frac{\pi}{4}}^{\frac{\pi}{2}} \cos x \, dx$

$= -\cos x \Big|_{\frac{\pi}{4}}^{\pi} - \sin x \Big|_{\frac{\pi}{4}}^{\frac{\pi}{2}}$

$= \sqrt{2}$

(2) $V_x = \pi \int_{\frac{\pi}{4}}^{\pi} \sin^2 x \, dx - \pi \int_{\frac{\pi}{4}}^{\frac{\pi}{2}} \cos^2 x \, dx$

$= \pi \int_{\frac{\pi}{4}}^{\pi} \frac{1 - \cos 2x}{2} dx - \pi \int_{\frac{\pi}{4}}^{\frac{\pi}{2}} \frac{1 + \cos 2x}{2} dx$

$= \pi \left(\frac{1}{2} x - \frac{1}{4} \sin 2x \right) \Big|_{\frac{\pi}{4}}^{\pi} - \pi \left(\frac{1}{2} x + \frac{1}{4} \sin 2x \right) \Big|_{\frac{\pi}{4}}^{\frac{\pi}{2}}$

$= \frac{\pi(\pi + 2)}{4}$.

第23题图

24. 解:(1) 微分方程 $f''(x) - 3f'(x) + 2f(x) = 0$ 的特征方程为 $r^2 - 3r + 2 = 0$

特征根 $r_1 = 1, r_2 = 2$,

通解 $f(x) = C_1 e^x + C_2 e^{2x}$

∵ $f(x)$ 在 $x = 0$ 处取得极值 1,∴ 有 $\begin{cases} f'(0) = 0 \\ f(0) = 1 \end{cases}$

即 $\begin{cases} C_1 + 2C_2 = 0 \\ C_1 + C_2 = 1 \end{cases}$ 解得 $\begin{cases} C_1 = 2 \\ C_2 = -1 \end{cases}$

∴ $f(x) = 2e^x - e^{2x}$.

(2) $f'(x) = 2e^x - 2e^{2x}$

∴ $y = \frac{f'(x)}{f(x)} = \frac{2e^x - 2e^{2x}}{2e^x - e^{2x}} = \frac{2 - 2e^x}{2 - e^x}$

∵ $\lim_{x \to -\infty} \frac{2 - 2e^x}{2 - e^x} = 1$,

∴ $y = 1$ 是曲线的水平渐近线.

∵ $\lim_{x \to +\infty} \frac{2 - 2e^x}{2 - e^x} = \lim_{x \to \infty} \frac{-2e^x}{-e^x} = 2$,

∴ $y = 2$ 是曲线的水平渐近线.

∵ $\lim_{x \to \ln 2} \frac{2 - 2e^x}{2 - e^x} = \infty$

∴ $x = \ln 2$ 是曲线的垂直渐近线.

2019 年

1. 解：$\because \lim\limits_{x\to 0}\dfrac{\ln(1+kx^2)}{1-\cos x}=\lim\limits_{x\to 0}\dfrac{kx^2}{\dfrac{1}{2}x^2}=2k=1 \quad \therefore k=\dfrac{1}{2}$

   应选 B

2. 解：$\because f(0-0)=\lim\limits_{x\to 0^-}\dfrac{1}{e^{\frac{1}{x}}+1}=1$

   $f(0+0)=\lim\limits_{x\to 0^+}\dfrac{1}{e^{\frac{1}{x}}+1}=0$

   $f(0-0)$ 和 $f(0+0)$ 都存在，但 $f(0-0)\neq f(0+0)$

   $\therefore x=0$ 是 $f(x)$ 的跳跃间断点，应选 A.

3. 解：$\because \lim\limits_{x\to 0}\dfrac{f(x)}{\sin 2x}=1 \quad$ 且 $\lim\limits_{x\to 0}\sin x=0$

   $\therefore$ 必有 $\lim\limits_{x\to 0}f(x)=0$

   又 $\because f(x)$ 在 $x=0$ 处连续. $\therefore$ 有 $\lim\limits_{x\to 0}f(x)=f(0)=0$

   于是 $\lim\limits_{x\to 0}\dfrac{f(x)}{\sin 2x}=\lim\limits_{x\to 0}\dfrac{f(x)-f(0)}{x}\cdot\dfrac{1}{2}=\dfrac{1}{2}f'(0)=1$

   $\therefore f'(0)=2.$ 应选 D.

4. 解：$f'(x)=\cos 2x$

   两边积分得 $f(x)=\int \cos 2x\,\mathrm{d}x=\dfrac{1}{2}\sin 2x+C$

   将 $f(0)=0$ 代入上式，得 $C=0$

   $\therefore \int f(x)\,\mathrm{d}x=\int \dfrac{1}{2}\sin 2x\,\mathrm{d}x=-\dfrac{1}{4}\cos 2x+C.$ 应选 A.

5. 解：$\int_a^{+\infty}\dfrac{1}{x\ln^2 x}\,\mathrm{d}x=\lim\limits_{b\to+\infty}\int_a^b\dfrac{1}{x\ln^2 x}\,\mathrm{d}x=\lim\limits_{b\to+\infty}\int_a^b\dfrac{1}{\ln^2 x}\,\mathrm{d}\ln x$

   $=-\lim\limits_{b\to+\infty}\dfrac{1}{\ln x}\Big|_a^b=-\lim\limits_{b\to+\infty}\left[\dfrac{1}{\ln b}-\dfrac{1}{\ln a}\right]$

   $=\dfrac{1}{\ln a}=\dfrac{1}{2\ln 2} \quad \therefore \ln a=2\ln 2.\ a=4.$ 应选 B.

6. 解：$\int_1^2 f\left(\dfrac{1}{x}\right)\mathrm{d}x \quad$ 令 $\dfrac{1}{x}=t$，则 $x=\dfrac{1}{t}$

   当 $x=1$ 时，$t=1$，当 $x=2$ 时，$t=\dfrac{1}{2}$

   $\therefore \int_1^2 f\left(\dfrac{1}{x}\right)\mathrm{d}x=\int_1^{\frac{1}{2}} f(t)\,\mathrm{d}\dfrac{1}{t}=-\int_1^{\frac{1}{2}}\dfrac{f(t)}{t^2}\,\mathrm{d}t$

   $=\int_{\frac{1}{2}}^1 \dfrac{f(x)}{x^2}\,\mathrm{d}x.$ 应选 C.

7. 解：二次积分的积分区域为：$\begin{cases} -x \leqslant y \leqslant 2 \\ -2 \leqslant x \leqslant 0 \end{cases}$

   交换积分次序后得 $\int_0^2 dy \int_{-y}^0 f(x,y) dx$. 应选 D.

8. 解：$\because \sum_{n=1}^{\infty} (-1)^n \ln\left(1 + \frac{1}{\sqrt{n}}\right)$ 收敛,

   $\sum_{n=1}^{\infty} \ln\left(1 + \frac{1}{n}\right)$ 发散. 应选 C.

9. 解：$f(1-0) = \lim_{x \to 1^-} f(x) = \lim_{x \to 1^-} (2-x)^{\frac{1}{x-1}}$

   $= \lim_{x \to 1^-} [1 + (1-x)]^{\frac{1}{1-x} \cdot (-1)} = e^{-1}$

   $f(1+0) = \lim_{x \to 1^+} f(x) = \lim_{x \to 1^+} a = a$

   $\because f(x)$ 在 $x=1$ 处连续，$\therefore$ 有 $f(1-0) = f(1+0) = f(1)$

   即 $a = e^{-1}$

10. 解：$\frac{dx}{dt} = (t+1)e^t$, $\frac{dy}{dt} = -e^t$

    $\frac{dy}{dx} = \frac{dy}{dt} / \frac{dx}{dt} = \frac{-1}{t+1}$

    点 $(0,0)$ 对应的参数 $t = 0$

    $\therefore K_{切} = \frac{dy}{dx}\bigg|_{t=0} = -1$, 切线方程为 $y = -x$

11. 解：$y = \ln(x+1)$

    $y^{(n)} = \frac{(-1)^{n+1} \cdot (n-1)!}{(x+1)^n}$

    由 $y^{(n)}\bigg|_{x=0} = (-1)^{n+1}(n-1)! = 2018!$ 得 $n = 2019$

12. 解：$\int_{-1}^1 (x \cos^4 x + |x|) dx = 2 \int_0^1 x\, dx = x^2 \bigg|_0^1 = 1$

13. 解：$\because |\boldsymbol{a} \times \boldsymbol{b}| = |\boldsymbol{a}||\boldsymbol{b}| \sin(\boldsymbol{a} \wedge \boldsymbol{b}) = \sqrt{2^2 + 1^2 + (-2)^2} = 3$

    $\boldsymbol{a} \cdot \boldsymbol{b} = |\boldsymbol{a}||\boldsymbol{b}| \cos(\boldsymbol{a} \wedge \boldsymbol{b}) = 3$

    $\therefore |\boldsymbol{a}||\boldsymbol{b}| \sin(\boldsymbol{a} \wedge \boldsymbol{b}) = |\boldsymbol{a}||\boldsymbol{b}| \cos(\boldsymbol{a} \wedge \boldsymbol{b})$

    $\sin(\boldsymbol{a} \wedge \boldsymbol{b}) = \cos(\boldsymbol{a} \wedge \boldsymbol{b}), (\boldsymbol{a} \wedge \boldsymbol{b}) = \frac{\pi}{4}$

    向量 $\boldsymbol{a}$ 和 $\boldsymbol{b}$ 的夹角为 $\frac{\pi}{4}$

14. 解：$\because \lim_{n \to \infty} \left|\frac{a_n}{a_{n+1}}\right| = \lim_{n \to \infty} \left|\frac{3^n}{3+n^3} \cdot \frac{3+(n+1)^3}{3^{n+1}}\right| = \frac{1}{3}$

    $\therefore$ 幂级数的收敛半径为 $R = \frac{1}{3}$

15. 解：$\lim\limits_{x\to 0}\dfrac{\int_0^x [\ln(1+t)-t]dt}{e^{x^3}-1} = \lim\limits_{x\to 0}\dfrac{\int_0^x [\ln(1+t)-t]dt}{x^3}$

$= \lim\limits_{x\to 0}\dfrac{\ln(1+x)-x}{3x^2} = \lim\limits_{x\to 0}\dfrac{\dfrac{1}{1+x}-1}{6x} = \lim\limits_{x\to 0}\dfrac{-x}{6x(1+x)}$

$= -\dfrac{1}{6}$

16. 解：$\int (x^2+x)e^x dx = \int (x^2+x)de^x = (x^2+x)e^x - \int e^x d(x^2+x)$

$= (x^2+x)e^x - \int (2x+1)e^x dx = (x^2+x)e^x - \int (2x+1)de^x$

$= (x^2+x)e^x - (2x+1)e^x + \int e^x d(2x+1)$

$= (x^2+x)e^x - (2x+1)e^x + 2\int e^x dx$

$= (x^2+x)e^x - (2x+1)e^x + 2e^x + C$

$= (x^2-x+1)e^x + C$

17. 解：令 $\sqrt[3]{x+1}=t$，则 $x=t^3-1$

当 $x=0$ 时，$t=1$，当 $x=7$ 时，$t=2$

$\therefore \int_0^7 \dfrac{1}{1+\sqrt[3]{x+1}}dx = \int_1^2 \dfrac{1}{1+t}d(t^3-1)$

$= 3\int_1^2 \dfrac{t^2-1+1}{1+t}dt = 3\int_1^2 (t-1)dt + 3\int_1^2 \dfrac{1}{1+t}dt$

$= 3\left(\dfrac{1}{2}t^2-t\right)\Big|_1^2 + 3\ln|1+t|\Big|_1^2$

$= \dfrac{3}{2} + 3\ln\dfrac{3}{2}$

18. 解：$\dfrac{\partial z}{\partial x} = 2xyf_1' + f_2'$

$\dfrac{\partial^2 z}{\partial x^2} = 2yf_1' + 2xy[f_{11}''\cdot 2xy + f_{12}''] + f_{21}''\cdot 2xy + f_{22}''$

$= 2yf_1' + 4x^2y^2 f_{11}'' + 4xyf_{12}'' + f_{22}''$

19. 解：方程两边对 x 求编导数，得：

$\cos(y+z)\cdot\dfrac{\partial z}{\partial x} + y + 2z\dfrac{\partial z}{\partial x} = 0$

$\therefore \dfrac{\partial z}{\partial x} = \dfrac{-y}{\cos(y+z)+2z}$

方程两边对 y 求编导数，得：

$\cos(y+z)\cdot\left(1+\dfrac{\partial z}{\partial y}\right) + x + 2z\dfrac{\partial z}{\partial y} = 0$

$\therefore \dfrac{\partial z}{\partial y} = -\dfrac{\cos(y+z)+x}{\cos(y+z)+2z}.$

20. 解:直线 l_1 的方向向量 $\boldsymbol{s}_1=(1,2,3)$

直线 l_2 的方向向量 $\boldsymbol{s}_2=(1,3,2)$

所求平面法向量 $\boldsymbol{n} \perp \boldsymbol{s}_1, \boldsymbol{n} \perp \boldsymbol{s}_2$

∴ 可取 $\boldsymbol{n}=\boldsymbol{s}_1 \times \boldsymbol{s}_2=\begin{vmatrix} \boldsymbol{i} & \boldsymbol{j} & \boldsymbol{k} \\ 1 & 2 & 3 \\ 1 & 3 & 2 \end{vmatrix}=-5\boldsymbol{i}+\boldsymbol{j}+\boldsymbol{k}$

又平面过点 $M(1,0,1)$

故其方程为 $-5(x-1)+y+(z-1)=0$

即 $5x-y-z-4=0$

21. 解:对应齐次方程 $y''-y'=0$ 的特征方程 $r^2-r=0$

特征根 $r_1=0, r_2=1$,其通解 $\bar{y}=C_1+C_2 e^x$

设原方程的一个特解 $y^*=Axe^x$

$y^{*\prime}=Ae^x+Axe^x, y^{*\prime\prime}=2Ae^x+Axe^x$

将 y^* 代入原方程得 $Ae^x=e^x$ ∴ $A=1$ $y^*=xe^x$

原方程通解 $y=\bar{y}+y^*=C_1+C_2 e^x+xe^x$

22. 解:$\iint_D y\,dx\,dy=\int_0^1 dx \int_{\sqrt{2x-x^2}}^1 y\,dy=\frac{1}{2}\int_0^1 dx \cdot y^2 \Big|_{\sqrt{2x-x^2}}^1$

$=\frac{1}{2}\int_0^1(1-2x+x^2)dx=\frac{1}{2}\left(x-x^2+\frac{1}{3}x^3\right)\Big|_0^1=\frac{1}{6}$

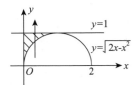

第 22 题图

23. 证明:即要证当 $0<x<2$ 时,$(2-x)e^x<2+x$

令 $F(x)=2+x-(2-x)e^x$,则 $F(0)=0$

$F'(x)=1-e^x+xe^x, F'(0)=0$

$F''(x)=xe^x$

当 $0<x<2$ 时,$F''(x)>0$. ∴ $F'(x)$ 单调递增,$F'(x)>F'(0)=0$

由 $F'(x)>0$ 又可知 $F(x)$ 单调递增,从而 $F(x)>F(0)=0$

即 $2+x-(2-x)e^x>0$ ∴ $e^x<\dfrac{2+x}{2-x}$

24. 解:(1) $f(x)=ax^4+bx^3$

$f'(x)=4ax^3+3bx^2$

∵ $f(x)$ 在 $x=3$ 处取得极值 -27.

∴ 有 $\begin{cases} f'(3)=0 \\ f(3)=-27 \end{cases}$ 即 $\begin{cases} 4a+b=0 \\ 3a+b=-1 \end{cases}$ ∴ $\begin{cases} a=1 \\ b=-4 \end{cases}$

(2) $f(x)=x^4-4x^3$ 定义域 $(-\infty,+\infty)$

$f'(x)=4x^3-12x^2, f''(x)=12x^2-24x=12x(x-2)$

令 $f''(x)=0$,得 $x=0, x=2$

x	$(-\infty,0)$	0	$(0,2)$	2	$(2,+\infty)$
$f''(x)$	+	0	−	0	+
曲线 $y=f(x)$	∪	拐点	∩	拐点	∪

由表可见,曲线 $y=f(x)$ 的凹区间为 $(-\infty,0),(2,+\infty)$ 凸区间为 $(0,2)$
$f(0)=0,f(2)=-16$
拐点为 $(0,0),(2,-16)$

(3) $y=\dfrac{1}{f(x)}=\dfrac{1}{x^4-4x^3}=\dfrac{1}{x^3(x-4)}$

$\because \lim\limits_{x\to\infty}y=\lim\limits_{x\to\infty}\dfrac{1}{x^3(x-4)}=0 \quad \therefore y=0$ 是曲线的水平渐近线.

$\because \lim\limits_{x\to 0}y=\lim\limits_{x\to 0}\dfrac{1}{x^3(x-4)}=\infty \quad \therefore x=0$ 是曲线的垂直渐近线.

$\because \lim\limits_{x\to 4}y=\lim\limits_{x\to 4}\dfrac{1}{x^3(x-4)}=\infty \quad \therefore x=4$ 是曲线的垂直渐近线.

25. 解:(1) $S_1=\displaystyle\int_0^x f(t)\mathrm{d}t$

$S_2=\displaystyle\int_0^x [f(x)-f(t)]\mathrm{d}t=\int_0^x f(x)\mathrm{d}x-\int_0^x f(t)\mathrm{d}t$

$\quad =xf(x)-\displaystyle\int_0^x f(t)\mathrm{d}t$

由 $S_1=2S_2$ 得 $\displaystyle\int_0^x f(t)\mathrm{d}t=2xf(x)-2\int_0^x f(t)\mathrm{d}t$

$2xf(x)-3\displaystyle\int_0^x f(t)\mathrm{d}t=0$

两边对 x 求得 $2f(x)+2xf'(x)-3f(x)=0$

$\therefore 2xf'(x)-f(x)=0$

$\dfrac{\mathrm{d}f(x)}{f(x)}=\dfrac{1}{2x}\mathrm{d}x$

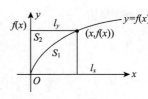

第25题图1

两边积分得 $\ln f(x)=\dfrac{1}{2}\ln x+C$

$\because$ 曲线过 $(1,1)$ $\therefore$ 有 $C=0$

$\ln f(x)=\ln\sqrt{x} \quad \therefore f(x)=\sqrt{x}$

(2) $V_x=\pi\displaystyle\int_0^1 (\sqrt{x})^2\mathrm{d}x-\pi\int_0^1 x^2\mathrm{d}x$

$\quad =\dfrac{\pi}{2}x\Big|_0^1-\dfrac{1}{3}\pi x^2\Big|_0^1=\dfrac{\pi}{6}$

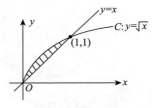

第25题图2

2020 年

1. 解：$\because \lim\limits_{x \to 0}\left(x\sin\dfrac{2}{x} + 2^{\frac{\sin x}{x}}\right) = \lim\limits_{x \to 0} x\sin\dfrac{2}{x} + \lim\limits_{x \to 0} 2^{\frac{\sin x}{x}} = 0 + 2 = 2$

   ∴ 应选 B.

2. 解：$\because f(x)$ 在 $(-\infty, +\infty)$ 内连续，$\therefore f(x)$ 在 $x = 2$ 处连续，

   故应有 $\lim\limits_{x \to 2} f(x) = f(2)$，即 $\lim\limits_{x \to 2} \dfrac{x^2 - a}{x - 2} = b$

   由于 $\lim\limits_{x \to 2}(x - 2) = 0$ $\therefore$ 必有 $\lim\limits_{x \to 2}(x^2 - a) = 0$，即 $a = 4$

   于是有 $\lim\limits_{x \to 2} \dfrac{x^2 - a}{x - 2} = \lim\limits_{x \to 2} \dfrac{x^2 - 4}{x - 2} = \lim\limits_{x \to 2}(x + 2) = 4$，即 $b = 4$

   $\therefore a - b = 0$

   应选 B.

3. 解：$\because \lim\limits_{x \to 0} \dfrac{f(3x)}{x} = 2$，且 $\lim\limits_{x \to 0} x = 0$ $\therefore$ 必有 $\lim\limits_{x \to 0} f(3x) = 0$

   因 $f(x)$ 在点 $x = 0$ 处连续，只有 $\lim\limits_{x \to 0} f(3x) = f(0)$，$f(0) = 0$

   于是有 $\lim\limits_{x \to 0} \dfrac{f(3x)}{x} = \lim\limits_{x \to 0} \dfrac{f(3x) - f(0)}{x} = 3f'(0) = 2$

   $\therefore f'(0) = \dfrac{2}{3}$

   应选 A.

4. 解：$\because f(x)$ 的一个原函数是 $\ln|3x - 1|$ $\therefore \int f(x)\mathrm{d}x = \ln|3x - 1| + C$

   于是有 $\int f(3x)\mathrm{d}x = \dfrac{1}{3}\int f(3x)\mathrm{d}3x = \dfrac{1}{3}\ln|3(3x) - 1| + C$

   $= \dfrac{1}{3}\ln|9x - 1| + C$

   应选 A.

5. 解：$\because \int_1^{+\infty} \dfrac{1 + x}{x^3}\mathrm{d}x = \lim\limits_{b \to +\infty} \int_1^b \left(\dfrac{1}{x^3} + \dfrac{1}{x^2}\right)\mathrm{d}x = \lim\limits_{b \to +\infty} \left(\dfrac{-1}{2x^2} - \dfrac{1}{x}\right)\bigg|_1^b$

   $= \lim\limits_{b \to +\infty}\left(\dfrac{-1}{2b^2} - \dfrac{1}{b} + \dfrac{1}{2} + 1\right) = \dfrac{3}{2}$ 存在

   $\therefore$ 反常积分 $\int_1^{+\infty} \dfrac{1 + x}{x^3}\mathrm{d}x$ 收敛

   应选 D.

6. 解：$f'(x) = \cos(2x)^2 \cdot (2x)' = 2\cos 4x^2$

   应选 C.

7. 解:积分区域 $D:\begin{cases} x \leqslant y \leqslant 1 \\ 0 \leqslant x \leqslant 1 \end{cases}$

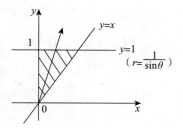

$$\int_0^1 dx \int_x^1 (x^2+y^2) dy = \int_{\frac{\pi}{4}}^{\frac{\pi}{2}} d\theta \int_0^{\frac{1}{\sin\theta}} \rho^3 d\rho$$

应选 D.

8. 解:$f(x) = \dfrac{1}{x+5} = \dfrac{1}{5} \cdot \dfrac{1}{1+\dfrac{x}{5}} = \dfrac{1}{5} \sum_{n=0}^{\infty} (-1)^n \dfrac{x^n}{5^n} = \sum_{n=0}^{\infty} \dfrac{(-1)^n x^n}{5^{n+1}}$

在上式中取 $n=2020$,得 $a_{2020} = \dfrac{1}{5^{2021}}$

应选 C.

9. 解:由 $\lim\limits_{x\to\infty}\left(1-\dfrac{1}{x}\right)^x = \lim\limits_{x\to 0}\dfrac{\sqrt{1+kx}-1}{x}$

得 $\dfrac{1}{e} = \lim\limits_{x\to 0}\dfrac{\dfrac{1}{2}kx}{n} = \dfrac{1}{2}k, \therefore k = \dfrac{2}{e}$

应填 $\dfrac{2}{e}$.

10. 解:$f'(x) = 2e^{2x}, f''(x) = 2^2 e^{2x}, f'''(x) = 2^3 e^{2x}, f^{(4)}(x) = 2^4 e^{2x} \cdots$

$\therefore f^{(n)}(x) = 2^n e^{2x}, f^{(n)}(0) = 2^n$

应填 2^n.

11. 解:$\dfrac{dx}{dt} = 3t^2+3 \quad \dfrac{dy}{dt} = 15t^4+15t^2$

$\therefore \dfrac{dy}{dx}\bigg|_{t=1} = \dfrac{\dfrac{dy}{dt}}{\dfrac{dx}{dt}}\bigg|_{t=1} = \dfrac{15t^4+15t^2}{3t^2+3}\bigg|_{t=1} = \dfrac{30}{6} = 5$

应填 5.

12. 解:$\because a \perp b, \therefore a \cdot b = 0$

即 $-2+6\lambda-4\lambda=0$,解得 $\lambda=1$

应填 1.

13. 解:微分方程 $\dfrac{dy}{dx} = \dfrac{x^2 y}{1+x^2}$ 分离变量得 $\dfrac{1}{y}dy = \dfrac{x^2}{1+x^3}dx$

两边积分 $\int \dfrac{1}{y}dy = \int \dfrac{x^2}{1+x^3}dx$

$\ln|y| = \dfrac{1}{3}\int \dfrac{1}{1+x^3}d(1+x^2)$

$\ln|y| = \dfrac{1}{3}\ln|1+x^3| + \ln C$

$\ln|y| = \ln C \cdot |\sqrt[3]{1+x^3}|$

∴ 微分方程的通解为 $y = C \cdot \sqrt[3]{1+x^3}$

应填 $y = C \cdot \sqrt[3]{1+x^3}$.

14. 解：∵ $\sum\limits_{n=0}^{\infty} a_n x^n$ 的收敛半径为 8，∴ $r = \lim\limits_{n\to\infty}\left|\dfrac{a_n}{a_{n+1}}\right| = 8$

对于 $\sum\limits_{n=0}^{\infty} \dfrac{a_n x^n}{3^n}$，收敛半径 $R = \lim\limits_{n\to\infty}\left|\dfrac{a_n}{3^n} \cdot \dfrac{3^{n+1}}{a_{n+1}}\right|$

$= 3\lim\limits_{n\to\infty}\left|\dfrac{a_n}{a_{n+1}}\right| = 24$

应填 24.

15. 解：$\lim\limits_{x\to 0}\dfrac{x\ln(1+x)}{x-\ln(1+x)} = \lim\limits_{x\to 0}\dfrac{x^2}{x-\ln(1+x)}$

$= \lim\limits_{x\to 0}\dfrac{2x}{1-\dfrac{1}{1+x}} = \lim\limits_{x\to 0}\dfrac{2x(1+x)}{x} = \lim\limits_{x\to 0} 2(1+x) = 2$

16. 解：$\int (x-\sin^2 x)\cos x\,dx = \int x\cos x\,dx - \int \sin^2 x\cos x\,dx$

$= \int x\,d\sin x - \int \sin^2 x\,d\sin x$

$= x\sin x - \int \sin x\,dx - \dfrac{1}{3}\sin^3 x$

$= x\sin x + \cos x - \dfrac{1}{3}\sin^3 x + C$

17. 解：令 $x = 2\sin t$，则当 $x=0$ 时，$t=0$；当 $x=\sqrt{2}$ 时，$t=\dfrac{\pi}{4}$

∴ $\int_0^{\sqrt{2}} \dfrac{x^2}{(4-x^2)\sqrt{4-x^2}}dx = \int_0^{\frac{\pi}{4}} \dfrac{4\sin^2 t}{(4-4\sin^2 t)\cdot 2\cos t}d2\sin t$

$= \int_0^{\frac{\pi}{4}} \dfrac{4\sin^2 t}{4(1-\sin^2 t)\cdot 2\cos t}\cdot 2\cos t\,dt = \int_0^{\frac{\pi}{4}} \tan^2 t\,dt$

$= \int_0^{\frac{\pi}{4}} (\sec^2 t - 1)dt = (\tan t - t)\Big|_0^{\frac{\pi}{4}} = 1 - \dfrac{\pi}{4}$

18. 解：$\dfrac{\partial z}{\partial y} = 3f'_1 + 2yf'_2$，

$\dfrac{\partial^2 z}{\partial y^2} = 3[f''_{11}\cdot 3 + f''_{12}\cdot 2y] + 2f'_2 + 2y[f''_{21}\cdot 3 + f''_{22}\cdot 2y]$

$= 2f'_2 + 9f''_{11} + 12yf''_{12} + 4y^2 f''_{22}$

19. 解：方程 $yz + \ln z = x - y$ 两边对 x 求偏导数，得：

$y\cdot\dfrac{\partial z}{\partial x} + \dfrac{1}{z}\cdot\dfrac{\partial z}{\partial x} = 1$ 解得 $\dfrac{\partial z}{\partial x} = \dfrac{1}{y+\dfrac{1}{z}} = \dfrac{z}{yz+1}$

方程 $yz + \ln z = x - y$ 两边对 y 求偏导数，得：

$$z + y \cdot \frac{\partial z}{\partial y} + \frac{1}{z} \cdot \frac{\partial z}{\partial y} = -1 \quad 解得: \frac{\partial z}{\partial y} = \frac{-1-z}{y + \frac{1}{z}} = \frac{-z-z^2}{yz+1}$$

20. 解:已知直线的方向向量 $S = \begin{vmatrix} i & j & k \\ 1 & 1 & 1 \\ 2 & -1 & 3 \end{vmatrix} = 4i - j - 3k$

    所求直线与已知直线平行,∴ 其方向向量可改为 $S_1 = S$
    又所求直线过点 $(-1, 0, 2)$
    故其方程为 $\dfrac{x+1}{4} = \dfrac{y}{-1} = \dfrac{z-2}{-3}$

21. 解:∵ e^{2x} 是微分方程 $y'' - 2y' + y = f(x)$ 的解,
    ∴ 有 $(e^{2x})'' - 2(e^{2x})' + e^{2x} = f(x) \quad f(x) = e^{2x}$
    以下求 $y'' - 2y' + y = e^{2x}$ 的通解
    对应各项方程的特征方程为 $r^2 - 2r + 1 = 0$
    特征根 $r_1 = 1 \quad r_2 = 1$
    其通解 $\overline{y} = (c_1 + c_2 x)e^x$
    又 $y = e^{2x}$ 是原方程的一个特解
    ∴ 原方程的通解为 $y = \overline{y} + e^{2x} = (c_1 + c_2 x)e^x + e^{2x}$
    $y' = c_2 e^x + (c_1 + c_2 x)e^x + 2e^{2x} = (c_1 + c_2)e^x + c_2 x e^x + 2e^{2x}$
    由 $y\big|_{x=0} = 2$ 得 $c_1 + 1 = 2 \quad ∴ c_1 = 1$
    由 $y'\big|_{x=0} = 5$ 得 $c_1 + c_2 + 2 = 5 \quad ∴ c_2 = 2$
    ∴ 所求特解为 $y = (1 + 2x)e^x + e^{2x}$

22. 解:$\iint\limits_{D}(x+y)dxdy$

    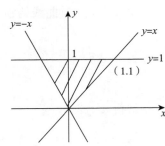

    $= \int_0^1 dy \int_{-y}^{y}(x+y)dx$
    $= \int_0^1 dy \left(\dfrac{1}{2}x^2 + yx\right)\Big|_{-y}^{y} = 2\int_0^1 y^2 dy = \dfrac{2}{3}y^3\Big|_0^1 = \dfrac{2}{3}$

    (注:也可利用积分区域对称于 y 轴,$\iint\limits_{D} x\,dx\,dy = 0$ 简化运算)

23. 证明:令 $F(x) = e^x + e^{-x} - x^2 - 2$,则 $F(0) = 0$
    $F'(x) = e^x - e^{-x} - 2x$,则 $F'(0) = 0$
    $F''(x) = e^x + e^{-x} - 2 = e^x + \dfrac{1}{e^x} - 2 = \dfrac{e^{2x} - 2e^x + 1}{e^x}$
    $\qquad = \dfrac{(e^x - 1)^2}{e^x}$
    当 $x > 0$ 时 $F''(x) > 0$ ∴ $F'(x)$ 单调递增,$F'(x) > F'(0) = 0$
    由 $F'(x) > 0$ 又可知 $F(x)$ 单调递增,从而 $F(x) > F(0) = 0$
    即当 $x > 0$ 时 $e^x + e^{-x} > x^2 + 2$

因 $F(x)$ 是偶函数,故当 $n<0$ 时也有 $e^x+e^{-x}>x^2+2$

综上可知,当 $x\neq 0$ 时 $e^x+e^{-x}>x^2+2$

24. 解: $y'=e^x$

曲线 $y=e^x$ 在点 $(0,1)$ 处的切线斜率 $k_切 = y'\big|_{x=0} = e^x\big|_{x=0} = 1$

$\therefore$ 曲线 $y=e^x$ 在点 $(0,1)$ 处的法线斜率 $k_法 = -1$

法线方程 $y-1=-x$ 即 $y=1-x$

(1) 平面图形 D 的面积

$$S_D = \int_0^1 (e^x - 1 + x)dx = \left(e^x - x + \frac{1}{2}x^2\right)\bigg|_0^1 = e - \frac{3}{2}$$

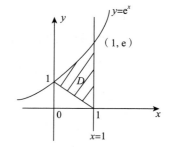

(2) 平面图形 D 绕 x 轴旋转一周所得旋转体的体积

$$V = \int_0^1 \pi(e^x)^2 dx - \int_0^1 \pi(1-x)^2 dx$$

$$= \pi\int_0^1 e^{2x} dx + \pi\int_0^1 (1-x)^2 d(1-x)$$

$$= \frac{\pi}{2}e^{2x}\bigg|_0^1 + \frac{\pi}{3}(1-x)^3\bigg|_0^1 = \frac{\pi}{2}e^2 - \frac{5}{6}\pi$$

25. 解: (1) $\because$ 曲线 $y=f(x)$ 有水平渐近线 $y=1$

$\therefore$ 有 $\lim\limits_{x\to\infty}\left[\dfrac{a}{x-1}+\dfrac{b}{(x-1)^2}+c\right]=1$ 即 $c=1$

$$y' = \frac{-a}{(x-1)^2} + \frac{-2b}{(x-1)^3}, \quad y'' = \frac{2a}{(x-1)^3} + \frac{6b}{(x-1)^4}$$

$\because (-1,0)$ 是曲线的拐点.

$\therefore$ 应有 $\begin{cases} f(-1)=0 \\ f''(-1)=0 \end{cases}$ 即 $\begin{cases} -\dfrac{1}{2}+\dfrac{1}{4}b+1=0 \\ -\dfrac{1}{4}a+\dfrac{3}{8}b=0 \end{cases}$

解得 $a=3, b=2$ $\therefore$ 常数 $a=3, b=2, c=1$

(2) $f(x) = \dfrac{3}{x-1} + \dfrac{2}{(x-1)^2} + 1$

定义域 $(-\infty, 1), (1, +\infty)$

$$f'(x) = \frac{-3}{(x-1)^2} + \frac{-4}{(x-1)^3} = -\frac{3x+1}{(x-1)^3}$$

令 $f'(x)=0$, 得 $x=-\dfrac{1}{3}$

x	$\left(-\infty, -\dfrac{1}{3}\right)$	$-\dfrac{1}{3}$	$\left(-\dfrac{1}{3}, 1\right)$	1	$(1, +\infty)$
$f'(x)$	$-$	0	$+$	///	$-$
$f(x)$	$\downarrow$	极小值 $-\dfrac{1}{8}$	$\uparrow$	无定义	$\downarrow$

由表可知,函数 $y=f(x)$ 单调递减区间为 $\left(-\infty,-\dfrac{1}{3}\right)$, $(1,+\infty)$

单调递增区间为 $\left(-\dfrac{1}{3},1\right)$

极小值为 $f\left(-\dfrac{1}{3}\right)=-\dfrac{1}{8}$

2021 年

1. 解：当 $x \to 0$ 时，$\alpha(x) = \cos x^2 \sim \dfrac{1}{2}x^4$，4 阶

   $\beta(x) = e^{x^2} - 1 \sim x^2$，2 阶

   $\gamma(x) = x\tan^2 x \sim x^3$，3 阶

   ∴ 当 $x \to 0$ 时，$\alpha(x)$ 阶数最高，$\gamma(x)$ 次之，$\beta(x)$ 最低，正确的排序是 $\beta(x), \gamma(x), \alpha(x)$

   应选 B．

2. 解：因 $f(x)$ 在 $(-\infty, +\infty)$ 内处处连续，故 $f(x)$ 在 $x=0$ 处连续．

   ∴ 应有 $f(0-0) = f(0+0) = f(0) = 0$

   而 $f(0-0) = \lim\limits_{x \to 0^-} e^{\frac{a}{x}} = 0$，应有 $a > 0$

   $f(0+0) = \lim\limits_{x \to 0^+} \dfrac{\sin x}{x^a} = \lim\limits_{x \to a^+} \dfrac{x}{x^a} = \lim\limits_{x \to 0^a} x^{1-a} = 0$

   应用 $1-a > 0$，即 $a < 1$

   故应有 $a \in (0,1)$，应选 C．

3. 解：$\lim\limits_{x \to 1} \dfrac{f(x)}{x-1} = 2$，且 $\lim\limits_{x \to 1}(x-1) = 0$ ∴ 必有 $\lim\limits_{x \to 1} f(x) = 0$

   又因 $f(x)$ 在 $x=1$ 处连续，∴ $\lim\limits_{x \to 1} f(x) = f(1)$，故 $f(1) = 0$

   于是 $\lim\limits_{x \to 1} \dfrac{f(x)}{x-1} = \lim\limits_{x \to 1} \dfrac{f(x) - f(1)}{x-1} = f'(1) = 2$

   故 $\lim\limits_{x \to 0} \dfrac{f(1-2x)}{x} = \lim\limits_{x \to 0} \dfrac{f(1-2x) - f(1)}{x} = -2f'(1) = -4$，应选 A．

4. 解：函数 $f(x)$ 在 $x=0$ 处可导，于是 $f(x)$ 在 $x=0$ 处必连续

   故有 $f(0-0) = f(0+0) = f(0)$

   而 $f(0-0) = \lim\limits_{x \to 0^-}(ax+b) = b$，$f(0+0) = \lim\limits_{x \to 0^+} \dfrac{\lim(1+x)}{x} = 1$

   由 $f(0-0) = f(0+0) = f(0)$，得 $b = 1$

   又 $f'_-(0) = \lim\limits_{x \to 0^-} \dfrac{f(x) - f(0)}{x} = \lim\limits_{x \to 0^-} \dfrac{ax+1-1}{x} = a$

   $f'_+(0) = \lim\limits_{x \to 0^+} \dfrac{f(x) - f(0)}{x} = \lim\limits_{x \to 0^+} \dfrac{\dfrac{\lim(1+x)}{x} - 1}{x}$

   $= \lim\limits_{x \to 0^+} \dfrac{\lim(1+x) - x}{x^2} = \lim\limits_{x \to 0^+} \dfrac{\dfrac{1}{1+x} - 1}{2x} = \lim\limits_{x \to 0^+} \dfrac{-x}{2x(1+x)} = -\dfrac{1}{2}$

   因 $f(x)$ 在 $x=0$ 处可导，所以 $f'_-(0) = f'_+(0)$，$a = -\dfrac{1}{2}$，应选 A．

5. 解：$\dfrac{dy}{dn} = \dfrac{-1}{x^2} \cdot f'\left(\dfrac{1}{x}\right)$

$$\frac{d^2 y}{dx^2} = \frac{2}{x^3} f'\left(\frac{1}{x}\right) + \frac{1}{x^4} f''\left(\frac{1}{x}\right), 应选 C.$$

6. 解：$I_1 = \lim\limits_{b \to +\infty} \int_1^b \frac{1}{x^p} dx = \lim\limits_{b \to +\infty} \frac{1}{1-p} x^{1-p} \Big|_1^b$

   $= \lim\limits_{b \to +\infty} \left[\frac{1}{1-p} b^{1-p} - \frac{1}{1-p}\right] = +\infty$，发散

   $I_2 = \lim\limits_{b \to +\infty} \int_1^b p^x dx = \lim\limits_{b \to +\infty} \frac{p^x}{\ln p} \Big|_1^b = \lim\limits_{b \to +\infty} \left[\frac{p^b}{\ln p} - \frac{p}{\ln p}\right] = -\frac{p}{\ln p}$ 收敛，应选 D.

7. 解：$\because \ln \frac{n+1}{n} = \ln\left(1 + \frac{1}{n}\right) \sim \frac{1}{n}$（当 $n \to \infty$）

   因 $\sum\limits_{n=1}^{\infty} \frac{1}{n}$ 发散，故 $\sum\limits_{n=1}^{\infty} \ln \frac{n+1}{n}$ 发散，应选 D.

8. 解：积分式 $D: \begin{cases} 1-x \leqslant y \leqslant \sqrt{1-x^2} \\ 0 \leqslant x \leqslant 1 \end{cases}$

   原式 $= \int_0^{\frac{\pi}{2}} d\theta \int_{\frac{1}{\cos\theta + \sin\theta}}^{1} f(\rho^2) \rho d\rho$，应选 B.

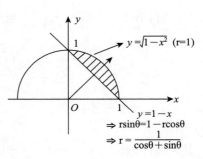

9. 解：$\lim\limits_{x \to \infty} x \ln\left(1 + \frac{k}{x}\right) = \lim\limits_{x \to \infty} x \cdot \frac{k}{x} = k$

   $\lim\limits_{x \to 0} \frac{\sin 3x}{x} = \lim\limits_{x \to 0} \frac{3x}{x} = 3$，由 $\lim\limits_{x \to \infty} x \ln\left(1 + \frac{k}{x}\right) = \lim\limits_{x \to 0} \frac{\sin 3x}{x}$

   得 $k = 3$，应填 3.

10. 解：$\boldsymbol{a} + \boldsymbol{b} = (4, -1, 3)$，$\boldsymbol{a} - \boldsymbol{b} = (0, -5, 5)$

    $\therefore (\boldsymbol{a} + \boldsymbol{b}) \cdot (\boldsymbol{a} - \boldsymbol{b}) = (4, -1, 3) \cdot (0, -5, 5)$

    $= 4 \times 0 + (-1) \times (-5) + 3 \times 5 = 20$，应填 20.

11. 解：$f(x) = x^{2020} - \frac{1}{x}$

    $f^{(2021)}_{(x)} = \left(x^{2020} - \frac{1}{x}\right)^{(2021)} = (x^{2020})^{(2021)} - (x^{-1})^{(2021)}$

    $(x^{2020})^{2021} = 0$

    而对于 $f(x) = -\frac{1}{x}$，有 $f'(x) = \frac{1}{x^2}$，$f''(x) = \frac{-2}{x^3}$，$f'''(x) = \frac{2 \cdot 3}{x^4}$

    $f^{(4)}(x) = \frac{-2 \cdot 3 \cdot 4}{x^5}$

    $\therefore f^{(2021)}(x) = \frac{2021!}{x^{2022}}$ $f^{(2021)}(1) = 2021!$，应填 $2021!$

12. 解：应在 p 点处切线方程为 $y = 2x + 10$ $\therefore K_{切} = 2$

    $\frac{dx}{dt} = 1 + 2t$，$\frac{dy}{dt} = 10 - 4t$

    $\frac{dy}{dn} = \frac{dy}{dt} \Big/ \frac{dx}{dt} = \frac{10 - 4t}{1 + 2t}$ 令 $\frac{dy}{dx} = 2$

由 $\dfrac{10-4t}{1+2t}=2$,解得 $t=1$,当 $t=1$ 时,由原方程可知 $x=5, y=20$

∴切点 p 的坐标为 $(5,20)$,应填 $(5,20)$.

13. 解:因 $\ln(1+x^2)$ 是 $f(x)$ 的一个原函数,所以 $f(x)=[\ln(1+x^2)]'=\dfrac{2x}{1+x^2}$

于是 $\int_0^1 f'(x)\mathrm{d}x=f(x)\Big|_0^1=\dfrac{2x}{1+x^2}\Big|_0^1=1$,应填 1.

14. 解:令 $\lim\limits_{n\to\infty}\left|\dfrac{(x-1)^{(n+1)}}{a^{n+1}}\cdot\dfrac{a^n}{(x-1)^n}\right|=\dfrac{1}{a}|x-1|<1$

得 $|x-1|<a$ ∴ $1-a<x<1+a$

由 $1+a=3$ 解得 $a=2$,应填 2.

15. 解:$\lim\limits_{x\to 0}\left(\dfrac{1}{x^2}-\dfrac{1}{x\arctan x}\right)=\lim\limits_{x\to 0}\dfrac{\arctan x-x}{x^2\arctan x}$

$=\lim\limits_{x\to 0}\dfrac{\arctan x-x}{x^3}=\lim\limits_{x\to 0}\dfrac{\dfrac{1}{1+x^2}-1}{3x^2}$

$=\lim\limits_{x\to 0}\dfrac{-x^2}{3x^2(1+x^2)}=-\dfrac{1}{3}.$

16. 解:$\int x\cos(2x-3)\mathrm{d}x=\dfrac{1}{2}\int x\mathrm{d}\sin(2x-3)=\dfrac{1}{2}x\sin(2x-3)-\dfrac{1}{2}\int\sin(2x-3)\mathrm{d}x=$

$\dfrac{1}{2}x\sin(2x-3)+\dfrac{1}{4}\cos(2x-3)+C$

17. 解:令 $\sqrt{x-1}=t$,则 $x=t^2+1$,当 $x=1$ 时 $t=0$,当 $x=2$ 时 $t=1$

∴ $\int_1^2\dfrac{\sqrt{x-1}}{x}\mathrm{d}x=\int_0^1\dfrac{t}{t^2+1}\mathrm{d}(t^2+1)=2\int_0^1\dfrac{t^2}{t^2+1}\mathrm{d}t$

$=2\int_0^1\mathrm{d}t-2\int_0^1\dfrac{1}{t^2+1}\mathrm{d}t=2t\Big|_0^1-2\arctan t\Big|_0^1=2-\dfrac{\pi}{2}$

18. 解:x 轴的方程为 $\begin{cases}y=0\\z=0\end{cases}$

由 $\begin{cases}y=0\\z=0\\x+y+z-1=0\end{cases}$ 解得平面 π_1 与 x 轴的交点坐标 $(1,0,0)$

平面 π_1 的法向量 $\boldsymbol{n}_{\pi_1}=(1,1,1)$,平面 π_2 的法向量 $\boldsymbol{n}_{\pi_2}=(1,2,3)$

所求直线 L 的方向向量 $\boldsymbol{s}\perp\boldsymbol{n}_{\pi_1}, \boldsymbol{s}\perp\boldsymbol{n}_{\pi_2}$

∴ 可取 $\boldsymbol{s}=\boldsymbol{n}_{\pi_1}\boldsymbol{n}_{\pi_2}=\begin{vmatrix}\boldsymbol{i}&\boldsymbol{j}&\boldsymbol{k}\\1&1&1\\1&2&3\end{vmatrix}=\boldsymbol{i}-2\boldsymbol{j}+\boldsymbol{k}$

又直线 L 过点 $(1,0,0)$

∴ 其方程为 $\dfrac{x-1}{1}=\dfrac{y}{-2}=\dfrac{z}{1}$.

19. 解: $\dfrac{\partial z}{\partial x} = y^3\left[f_1 \cdot \dfrac{1}{y} + f_2 \cdot e^x\right] = y^2 f_1 + y^3 e^x f_2$

$\dfrac{\partial^2 z}{\partial x \partial y} = 2y f_1 + y^2\left[f_{11} \cdot \dfrac{-x}{y^2} + f_{12} \cdot 0\right] + 3y^2 e^x f_2 + y^3 e^x\left[f_{21} \cdot \dfrac{-x}{y^2} + f_{22} \cdot 0\right]$

$= 2y f_1 + 3y^2 e^x f_2 - x f_{11} - xy e^x f_{21}$

20. 解: 方程两边对 x 求偏导数,得: $3z^2 \dfrac{\partial z}{\partial x} - 6xz - 3x^2 \dfrac{\partial z}{\partial x} - 6y \dfrac{\partial z}{\partial y} + 3 = 0$

∴ $\dfrac{\partial z}{\partial x} = \dfrac{2xz + 1}{z^2 - x^2 - 2y}$

方程两边对 y 求偏导数,得: $3z^2 \dfrac{\partial z}{\partial y} - 3x^2 \dfrac{\partial z}{\partial y} - 6z - 6y \dfrac{\partial z}{\partial y} - 3 = 0$

∴ $\dfrac{\partial z}{\partial y} = \dfrac{2z + 1}{z^2 - x^2 - 2y}$

$\mathrm{d}z \Big|_{\substack{x=0 \\ y=0}} = \dfrac{2xz - 1}{z^2 - x^2 - 2y}\Big|_{\substack{x=0 \\ y=0}} \mathrm{d}x + \dfrac{2z+1}{z^2 - x^2 - 2y}\Big|_{\substack{x=0 \\ y=0}} \mathrm{d}y$

$= \dfrac{-1}{z^2} \mathrm{d}x + \dfrac{2z+1}{z^2} \mathrm{d}y$

当 $x=0, y=0$ 时,由原方程可知 $z=1$

∴ $\mathrm{d}z \Big|_{\substack{x=0 \\ y=0}} = \dfrac{-1}{z^2}\Big|_{z=1} \mathrm{d}x + \dfrac{2z+1}{z^2}\Big|_{z=1} \mathrm{d}y = -\mathrm{d}x + 3\mathrm{d}y$

21. 解: $\iint\limits_D (x+y) \mathrm{d}x \mathrm{d}y = \int_0^1 \mathrm{d}y \int_{-\sqrt{y}}^y (x+y) \mathrm{d}x$

$= \int_0^1 \mathrm{d}y \left(\dfrac{1}{2}x^2 + xy\right)\Big|_{-\sqrt{y}}^y = \int_0^1 \left(\dfrac{3}{2}y^2 - \dfrac{1}{2}y + y^{\frac{3}{2}}\right)\mathrm{d}y$

$= \left(\dfrac{1}{2}y^4 - \dfrac{1}{4}y^2 + \dfrac{2}{5}y^{\frac{5}{2}}\right)\Big|_0^1 = \dfrac{13}{20}$

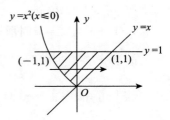

22. 解: $y'' - 3y' + 2y = 0$ 对应的特征方程 $r^2 - 3r + 2 = 0$,特征根 $r_1 = 1, r_2 = 2$

其通解 $y = c_1 e^x + c_2 e^{2x}$

$y' = c_1 e^x + 2c_2 e^{2x}$

由 $\begin{cases} y(0) = 1 \\ y'(0) = 1 \end{cases}$ 得 $\begin{cases} c_1 + c_2 = 1 \\ c_1 + 2c_2 = 1 \end{cases}$ ∴ $\begin{cases} c_1 = 1 \\ c_2 = 0 \end{cases}$

故 $f(x) = e^x$

以下求微分方程 $y'' - 3y' + 2y = e^x$ 的通解,

对应齐次方程通解 $\overrightarrow{y} = c_1 e^x + c_2 e^{2x}$

设其一个特解 $y^* = Ax e^x$

$(y^*)' = A e^x + Ax e^x, (y^*)'' = 2A e^x + Ax e^x$

将 y^* 代入微分方程 $y'' - 3y' + 2y = e^x$ 中,

$2A e^x + Ax e^x - 3A e^x - 3Ax e^x + 2Ax e^x = e^x$

125

解得 $A=-1$

$\therefore y^x = -xe^x$

原方程通解 $y = \bar{y} + y^x = c_1 e^x + c_2 e^{2x} - xe^x$

23. 证明:先证当 $x>0$ 时,$\ln x \leqslant \dfrac{x}{e}$

令 $F(x) = \dfrac{x}{e} - \ln x$

$F'(x) = \dfrac{1}{e} - \dfrac{1}{x} = \dfrac{x-e}{ex}$

当 $0<x<e$ 时,$F'(x)<0$,$F(x)$ 单调递减

当 $x>e$ 时,$F'(x)>0$,$F(x)$ 单调递增

$\therefore F(x)$ 当 $x=e$ 时取得最小值,最小值 $F(e)=0$

故当 $x>0$ 时,$F(x) \geqslant 0$,即 $\dfrac{x}{e} - \ln x \geqslant 0 \therefore \ln x \leqslant \dfrac{x}{e}$

再证当 $x>0$ 时,$2 - \dfrac{e}{x} \leqslant \ln x$

令 $G(x) = \ln x + \dfrac{e}{x} - 2$

$G'(x) = \dfrac{1}{x} - \dfrac{e}{x^2} = \dfrac{x-e}{x^2}$

当 $0<x<e$ 时,$G'(x)<0$,$G(x)$ 单调递减

当 $x>e$ 时,$G'(x)>0$,$G(x)$ 单调递增

$\therefore G(x)$ 当 $x=e$ 时取得最小值,最小值 $G(e)=0$

故当 $x>0$ 时,$G(x) \geqslant 0$,即 $\ln x + \dfrac{e}{x} - 2 \geqslant 0 \therefore 2 - \dfrac{e}{x} \leqslant \ln x$

综上可知,当 $x>0$ 时,$2 - \dfrac{e}{x} \leqslant \ln x \leqslant \dfrac{x}{e}$

24. 解:(1) 由 $\begin{cases} y = 1 - ax^2 \\ y = \dfrac{1}{a}x^2 \end{cases}$ $(x \geqslant 0, a>0)$

解得交点坐标 $\left(\sqrt{\dfrac{a}{a^2+1}}, \dfrac{1}{a^2+1} \right)$

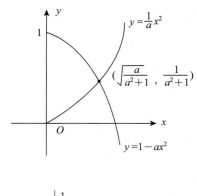

$V(2) = \int_0^{\frac{1}{a^2+1}} \pi (\sqrt{ay})^2 dy + \int_{\frac{1}{a^2+1}}^1 \pi \left(\sqrt{\dfrac{1-y}{a}} \right)^2 dy$

$= \pi a \int_0^{\frac{1}{a^2+1}} y \, dy + \dfrac{\pi}{a} \int_{\frac{1}{a^2+1}}^1 (1-y) dy$

$= \dfrac{\pi a}{2} y^2 \Big|_0^{\frac{1}{a^2+1}} - \dfrac{\pi}{2a}(1-y)^2 \Big|_{\frac{1}{a^2+1}}^1 = \dfrac{\pi}{2} \cdot \dfrac{a}{(a^2+1)^2} - \dfrac{\pi}{2a}(1-y)^2 \Big|_{\frac{1}{a^2+1}}^1$

$= \dfrac{\pi}{2} \cdot \dfrac{a}{(a^2+1)^2} + \dfrac{\pi}{2} \cdot \dfrac{a^3}{(a^2+1)^2} = \dfrac{\pi}{2} \cdot \dfrac{a+a^3}{(a^2+1)^2} = \dfrac{\pi}{2} \cdot \dfrac{a}{a^2+1}$

(2) 令 $\dfrac{\mathrm{d}v(a)}{\mathrm{d}a} = \dfrac{\pi}{2} \cdot \dfrac{a^2+1-2a^2}{(a^2+1)^2} = \dfrac{\pi}{2} \cdot \dfrac{1-a^2}{(a^2+1)^2} = 0$

得 $a=1, a=-1$(舍去)

∵ 当 $0<a<1$ 时 $\dfrac{\mathrm{d}v(a)}{\mathrm{d}a}>0$,当 $a>1$ 时 $\dfrac{\mathrm{d}v(a)}{\mathrm{d}a}<0$

∴ 当 $a=1$ 时 $v(a)$ 取得最大值

当 $a=1$ 时,D 的面积 $S(D) = \iint\limits_{D} \mathrm{d}x\,\mathrm{d}y = \int_0^{\frac{\sqrt{2}}{2}} \mathrm{d}x \int_{x^2}^{1-x^2} \mathrm{d}y$

$= \int_0^{\frac{\sqrt{2}}{2}} \mathrm{d}x \cdot y \left|\begin{matrix} 1-x^2 \\ x^2 \end{matrix}\right. = \int_0^{\frac{\sqrt{2}}{2}} (1-2x^2)\mathrm{d}x = \left(x-\dfrac{2}{3}x^3\right)\Big|_0^{\frac{\sqrt{2}}{2}}$

$= \dfrac{\sqrt{2}}{2} - \dfrac{\sqrt{2}}{6} = \dfrac{\sqrt{2}}{3}$

25. 解:(1) 方程两边对 x 求导,得 $f'(x) + xf(x) = Q(x)$

通解 $f(x) = e^{-\int x\mathrm{d}x} \left[\int Q e^{\int x\mathrm{d}x} + C\right] = Ce^{-\frac{1}{2}x^2}$

由原方程可知 $f(0)=1$,代入通解中得 $C=1$

∴ $f(x) = e^{-\frac{1}{2}x^2}$

本题既可以看成一阶线性方程,解法如上,也可以看成变量可分离方程,解法如下:

$f'(x) = -xf(x)$

∴ $\dfrac{\mathrm{d}f(x)}{\mathrm{d}x} = -xf(x)$

$\dfrac{1}{f(x)}\mathrm{d}x = -x\mathrm{d}x$

∴ $\ln f(x) = -\dfrac{1}{2}x^2 + C_1$

$f(x) = e^{-\frac{1}{2}x^2} + C_1$

$f(x) = e^{C_1} \cdot e^{-\frac{1}{2}x^2}$

故 $f(x) = Ce^{-\frac{1}{2}x^2}$(其中 $C=e^{C_1}$)

殊途同归,但显然第一种解法更简便一些。

(2) $f(x) = e^{-\frac{1}{2}x^2}$ 定义域 $(-\infty, +\infty)$

$f'(x) = -xe^{-\frac{1}{2}x^2}$, $f''(x) = -e^{-\frac{1}{2}x^2} + x^2 e^{-\frac{1}{2}x^2} = (x^2-1)e^{-\frac{1}{2}x^2}$

令 $f''(x)=0$ 得 $x=-1, x=1$

x	$(-\infty,-1)$	-1	$(-1,1)$	1	$(1,+\infty)$
$f''(x)$	$+$	0	$-$	0	$+$
$y=f(x)$	$\cup$	拐点$(-1,e^{-\frac{1}{2}})$	$\cap$	拐点$(-1,e^{-\frac{1}{2}})$	$\cup$

由表可知,曲线 $y=f(x)$ 的凹区间为 $(-\infty,-1),(1,+\infty)$
凸区间为 $(-1,1)$

拐点为 $(-1,e^{-\frac{1}{2}}),(1,e^{-\frac{1}{2}})$

(3) $\because \lim\limits_{x\to\infty} e^{-\frac{1}{2}x^2}=0$

$\therefore y=0$ 是曲线 $y=f(x)$ 的水平渐近线.

高 等 数 学

高频题型及解题方法

同方教育　主编

东南大学出版社
SOUTHEAST UNIVERSITY PRESS
·南京·

目 录

第一部分　重要公式 ·· 1
一、求极限的相关公式 ·· 1
二、导数的相关公式 ·· 1
三、积分的相关公式 ·· 3
四、微分方程相关公式与定理 ···································· 7
五、向量的运算公式 ·· 7
六、空间平面方程与直线方程 ···································· 8
七、级数相关定理与公式 ······································· 10
八、二重积分 ·· 11

第二部分　高频题型解法要点 ································ 13
一、选择题、填空题高频题型解法要点 ···························· 13
  1. 利用重要极限 $\lim\limits_{\substack{x \to x_0 \\ (x \to \infty)}} [1+u(x)]^{\frac{1}{u(x)}} = \mathrm{e}$(其中 $u(x) \to 0$)

    求幂指函数的"1^∞"型极限 ·························· 13
  2. 确定函数 $f(x)$ 的间断点类型 ····························· 13
  3. 比较两无穷小的阶 ·· 14
  4. 求待定常数类型 ·· 14
  5. 求曲线 $y=f(x)$ 的水平渐近线和垂直渐近线 ················ 16
  6. 利用导数定义求极限 ······································ 16
  7. 求曲线 $y=f(x)$ 的切线方程 ······························ 16

1

8. 求函数 $y=f(x)$ 的单调区间、极值及在 $[a,b]$ 上的最值 ………………………………………………………… 17
9. 求曲线 $y=f(x)$ 的凹凸区间、拐点 ……………… 17
10. 原函数与不定积分的概念题……………………… 17
11. 求积分上限函数的导数 …………………………… 18
12. 求定积分的值 ……………………………………… 18
13. 判断无穷区间上的广义积分(反常积分)的敛散性或计算广义积分 ………………………………………… 18
14. 求解一阶微分方程 ………………………………… 19
15. 向量运算题 ………………………………………… 19
16. 求二元函数 $z=f(x,y)$ 的全微分 $\mathrm{d}z$ 或 $\mathrm{d}z\Big|_{\substack{x=x_0\\y=y_0}}$ ……………………………………………………… 20
17. 求二元隐函数的偏导数 …………………………… 21
18. 交换二次积分的积分次序 ………………………… 21
19. 将直角坐标系下的二次积分化成极坐标系下的二次积分 ………………………………………………… 21
20. 判定级数的敛散性 ………………………………… 22
21. 判定级数 $\sum\limits_{n=1}^{\infty}u_n$ 的绝对收敛性、条件收敛性 ……… 24
22. 求幂级数 $\sum\limits_{n=1}^{\infty}u_n(x)$ 的收敛域 ……………………… 24

二、计算题高频题型解法要点 ………………………… 25
  1. 利用洛必达法则求未定式的极限 ………………… 25
  2. 求函数的导数 ……………………………………… 26
  3. 求不定积分 ………………………………………… 28
  4. 计算定积分 ………………………………………… 28
  5. 求空间平面方程 …………………………………… 29
  6. 求空间直线方程 …………………………………… 29

7. 求含抽象函数的二元复合函数 $z=f[u(x,y),v(x,y)]$ 的二阶偏导数 ·············· 30
8. 计算二重积分 ·············· 30
9. 求二阶常系数线性非齐次微分方程 $ay''+by'+cy=p_n(x)e^{ax}$ 的通解 ·············· 30

三、证明题高频题型证法要点 ·············· 31
  1. 证明函数不等式 ·············· 31
  2. 证明方程 $f(x)=\varphi(x)$ 在区间 (a,b) 内有且仅有一个实根 ·············· 32
  3. 证明函数 $f(x)$ 在一点 $x=x_0$ 处的连续性和可导性 ·············· 32
  4. 证明含有 ξ 的等式：证明至少存在一点 $\xi\in(a,b)$，使 $f(\xi)=\varphi(\xi)$ ·············· 33
  5. 证明定积分等式 ·············· 33

四、综合题高频题型解法要点 ·············· 34
  1. 求平面图形 D 的面积及旋转体体积 ·············· 34
  2. 求函数 $y=f(x)$ 的单调区间、极值及在 $[a,b]$ 上的最值；求曲线 $y=f(x)$ 的凹凸区间、拐点 ·············· 36
  3. 求解微分方程的几何应用问题 ·············· 36
  4. 对题目已知条件中出现的积分方程（方程中含有积分上限函数）的处理方法 ·············· 36

附录：一些重要概念的数学表达形式 ·············· 37

第一部分 重要公式

一、求极限的相关公式

1. $\lim\limits_{x\to\infty}\dfrac{a_0x^m+a_1x^{m-1}+\cdots+a_m}{b_0x^n+b_1x^{n-1}+\cdots+b_n}=\begin{cases}0, & m<n\\ \dfrac{a_0}{b_0}, & m=n\\ \infty, & m>n\end{cases}$

2. 重要极限 $\lim\limits_{\substack{x\to x_0\\(x\to\infty)}}[1+u(x)]^{\frac{1}{u(x)}}=\mathrm{e}$ [其中 $u(x)\to 0$]

3. 洛必达法则 $\lim\limits_{\substack{x\to x_0\\(x\to\infty)}}\dfrac{f(x)}{g(x)}\xlongequal{\text{"}\frac{0}{0}\text{"或"}\frac{\infty}{\infty}\text{"}}\lim\limits_{\substack{x\to x_0\\(x\to\infty)}}\dfrac{f'(x)}{g'(x)}=A$

4. 常用的等价无穷小

当 $u(x)\to 0$ 时,

$u(x)\sim\sin u(x)\sim\tan u(x)\sim\ln[1+u(x)]\sim\mathrm{e}^{u(x)}-1$
$\sim\arcsin u(x)\sim\arctan u(x)$

$1-\cos u(x)\sim\dfrac{1}{2}[u(x)]^2$

$\sqrt[n]{1+u(x)}-1\sim\dfrac{1}{n}u(x)$,特别地有 $\sqrt{1+u(x)}-1$
$\sim\dfrac{1}{2}u(x)$

二、导数的相关公式

1. 导数的定义

$f'(x_0)=\lim\limits_{x\to x_0}\dfrac{f(x)-f(x_0)}{x-x_0}$ 或

$$f'(x_0) = \lim_{\Delta x \to 0} \frac{f(x_0 + \Delta x) - f(x_0)}{\Delta x}$$

2. 可以直接使用的结果

当 $f(x)$ 在 $x = x_0$ 处可导时,

$$\lim_{\Delta x \to 0} \frac{f(x_0 + \alpha \Delta x) - f(x_0 + \beta \Delta x)}{\Delta x} = (\alpha - \beta) f'(x_0)$$

3. 常用的导数公式

(1) $(c)' = 0$ (c 为常数)

(2) $(x^\alpha)' = \alpha x^{\alpha - 1}$ (α 为常数)

(3) $(\sin x)' = \cos x$

(4) $(\cos x)' = -\sin x$

(5) $(\tan x)' = \dfrac{1}{\cos^2 x} = \sec^2 x$

(6) $(\cot x)' = \dfrac{-1}{\sin^2 x} = -\csc^2 x$

(7) $(\sec x)' = \sec x \cdot \tan x$

(8) $(\csc x)' = -\csc x \cdot \cot x$

(9) $(a^x)' = a^x \cdot \ln a$

(10) $(e^x)' = e^x$

(11) $(\log_a x)' = \dfrac{1}{x \ln a}$ ($a > 0, a \neq 1$)

(12) $(\ln x)' = \dfrac{1}{x}$

(13) $(\arcsin x)' = \dfrac{1}{\sqrt{1 - x^2}}$

(14) $(\arccos x)' = \dfrac{-1}{\sqrt{1 - x^2}}$

(15) $(\arctan x)' = \dfrac{1}{1 + x^2}$

(16) $(\operatorname{arccot} x)' = \dfrac{-1}{1+x^2}$

4. 函数和、差、积、商的求导法则

设 $u=u(x), v=v(x)$ 都是可导函数,则

(1) $(u \pm v)' = u' \pm v'$ (2) $(cu)' = cu'$ (c 为常数)

(3) $(uv)' = u'v + uv'$ (4) $\left(\dfrac{u}{v}\right)' = \dfrac{u'v - uv'}{v^2}$ ($v \neq 0$)

5. 复合函数求导法则

设 $y=f(u)$,而 $u=\varphi(x)$,且 $f(u)$ 及 $\varphi(x)$ 都可导,则复合函数 $y=f[\varphi(x)]$ 的导数为 $\dfrac{dy}{dx} = \dfrac{dy}{du} \cdot \dfrac{du}{dx}$ 或 $y'(x) = f'(u)\varphi'(x)$

三、积分的相关公式

1. 常用的积分公式(C 为常数)

(1) $\int k\,dx = kx + C$ (k 为常数)

(2) $\int x^\alpha\,dx = \dfrac{1}{\alpha+1}x^{\alpha+1} + C$ ($\alpha \neq -1$)

(3) $\int \dfrac{1}{x}\,dx = \ln|x| + C$

(4) $\int \dfrac{1}{1+x^2}\,dx = \arctan x + C$

(5) $\int \dfrac{1}{\sqrt{1-x^2}}\,dx = \arcsin x + C$

(6) $\int \cos x\,dx = \sin x + C$

(7) $\int \sin x\,dx = -\cos x + C$

(8) $\int \dfrac{1}{\cos^2 x}\,dx = \int \sec^2 x\,dx = \tan x + C$

(9) $\int \dfrac{1}{\sin^2 x} dx = \int \csc^2 x\, dx = -\cot x + C$

(10) $\int \sec x \tan x\, dx = \sec x + C$

(11) $\int \csc x \cot x\, dx = -\csc x + C$

(12) $\int e^x\, dx = e^x + C$

(13) $\int a^x\, dx = \dfrac{1}{\ln a} a^x + C$

(14) $\int \dfrac{1}{a^2 + x^2} dx = \dfrac{1}{a} \arctan \dfrac{x}{a} + C$

(15) $\int \dfrac{1}{\sqrt{a^2 - x^2}} dx = \arcsin \dfrac{x}{a} + C$

(16) $\int \tan x\, dx = -\ln|\cos x| + C$

(17) $\int \cot x\, dx = \ln|\sin x| + C$

2. 常用的凑微分公式

(1) $dx = \dfrac{1}{a} d(ax + b)$

(2) $x^a\, dx = \dfrac{1}{a+1} dx^{a+1}$（常数 $a \neq -1$）

特别地 $\begin{cases} x\, dx = \dfrac{1}{2} dx^2 \\ x^2\, dx = \dfrac{1}{3} dx^3 \\ \dfrac{1}{\sqrt{x}} dx = 2d\sqrt{x} \end{cases}$

(3) $\dfrac{1}{x} dx = d\ln x$

(4) $\sin x \, dx = -d\cos x$

(5) $\cos x \, dx = d\sin x$

(6) $\dfrac{1}{\cos^2 x} dx = \sec^2 x \, dx = d\tan x$

(7) $\dfrac{1}{\sin^2 x} dx = \csc^2 x \, dx = -d\cot x$

(8) $e^x dx = de^x$

(9) $\dfrac{1}{1+x^2} dx = d\arctan x \stackrel{或}{=} -d\operatorname{arccot} x$

(10) $\dfrac{1}{\sqrt{1-x^2}} dx = d\arcsin x \stackrel{或}{=} -d\arccos x$

3. 分部积分公式

$\int u \, dv = uv - \int v \, du$

4. 积分上限函数的求导法则

(1) $\left[\int_a^{\varphi(x)} f(t) dt\right]' = f[\varphi(x)] \cdot \varphi'(x)$

(2) $\left[\int_{g(x)}^b f(t) dt\right]' = -f[g(x)] \cdot g'(x)$

(3) $\left[\int_{g(x)}^{\varphi(x)} f(t) dt\right]' = f[\varphi(x)] \cdot \varphi'(x) - f[g(x)] \cdot g'(x)$

5. 对称区间上奇偶函数的积分性质

$\int_{-a}^{a} f(x) dx = \begin{cases} 0, & \text{当 } f(x) \text{ 为奇函数} \\ 2\int_{0}^{a} f(x) dx & \text{当 } f(x) \text{ 为偶函数} \end{cases}$

6. 当 $f(x) \geqslant 0$ 时，定积分 $\int_a^b f(x) dx$ 的值等于由曲线 $y = f(x)$，直线 $x = a, x = b$ 及 x 轴所围成平面图形的面积.

7. 定积分的换元积分法

对于 $\int_a^b f(x) dx$，若令 $x = \varphi(t)$，则有 $\int_a^b f(x) dx$

$$= \int_\alpha^\beta f[\varphi(t)]\mathrm{d}\varphi(t)$$

其中 α 是由 $a = \varphi(t)$ 解得的 $t = \alpha$,β 是由 $b = \varphi(t)$ 解得的 $t = \beta$

8. 无穷区间上广义积分(反常积分)的定义

(1) $\int_a^{+\infty} f(x)\mathrm{d}x = \lim\limits_{b \to +\infty} \int_a^b f(x)\mathrm{d}x$

(2) $\int_{-\infty}^b f(x)\mathrm{d}x = \lim\limits_{a \to -\infty} \int_a^b f(x)\mathrm{d}x$

(3) $\int_{-\infty}^{+\infty} f(x)\mathrm{d}x = \lim\limits_{a \to -\infty} \int_a^0 f(x)\mathrm{d}x + \lim\limits_{b \to +\infty} \int_0^b f(x)\mathrm{d}x$

9. 平面图形面积计算公式

方法 1(用定积分求)

平面图形 D 的面积 $S_D = \int_a^b [f(x) - \varphi(x)]\mathrm{d}x$

其中积分区间 $[a,b]$ 是与所求面积有关的 x 的取值范围. $y = f(x)$ 是围成平面图形 D 的上方曲线方程,$y = \varphi(x)$ 是围成平面图形 D 的下方曲线方程.

方法 2(用二重积分求)

平面图形 D 的面积 $S_D = \iint\limits_D \mathrm{d}x\mathrm{d}y$

10. 旋转体体积计算公式

(1) 平面封闭图形 D 绕 x 轴旋转一周所形成的旋转体体积公式 $V_x = \int_a^b \pi [f(x)]^2 \mathrm{d}x$

其中 $[a,b]$ 是与所求体积有关的 x 的取值范围. $f(x)$ 是 $[a,b]$ 内任一点 x 处平面图形 D 的上方曲线 $y = f(x)$ 中 y 的表达式.

【注意:此计算公式只适用于平面图形 D 与 x 轴全部紧贴的情形】

(2) 平面封闭图形 D 绕 y 轴旋转一周所形成的旋转体体积

公式 $V_y = \int_c^d \pi [\varphi(y)]^2 \mathrm{d}y$

其中$[c,d]$是与所求体积有关的 y 的取值范围.$\varphi(y)$ 是$[c,d]$内任意一点 y 处平面图形 D 的右方曲线 $x = \varphi(y)$ 中 x 的表达式.

【注意：此计算公式只适用于平面图形 D 与 y 轴全部紧贴的情形】

四、微分方程相关公式与定理

1. 一阶线性微分方程 $y' + p(x)y = q(x)$ 的通解

一阶线性微分方程的通解为 $y = \mathrm{e}^{-\int p(x)\mathrm{d}x} \left[\int q(x) \mathrm{e}^{\int p(x)\mathrm{d}x} \mathrm{d}x + C\right]$

常用恒等式：$\mathrm{e}^{k\ln a} = a^k$

2. 二阶常系数线性齐次方程 $ay'' + by' + cy = 0$ 的通解

特征根	微分方程的通解
两个不等实根 $r_1 \neq r_2$	$y = C_1 \mathrm{e}^{r_1 x} + C_2 \mathrm{e}^{r_2 x}$
两个相等实根 $r_1 = r_2$	$y = (C_1 + C_2 x)\mathrm{e}^{r_1 x}$
一对复根 $r_{1,2} = \alpha \pm \beta \mathrm{i}$	$y = \mathrm{e}^{\alpha}(C_1 \cos \beta x + C_2 \sin \beta x)$

3. 二阶常系数线性非齐次方程 $ay'' + by' + cy = f(x)$ 解的结构定理

定理1. 设 $\bar{y}$ 是微分方程 $ay'' + by' + cy = f(x)$ 对应齐次方程 $ay'' + by' + cy = 0$ 的通解，y^* 是原方程的一个特解，则微分方程 $ay'' + by' + cy = f(x)$ 的通解为 $y = \bar{y} + y^*$.

定理2. 设 y_1^*, y_2^* 分别是微分方程 $ay'' + by' + cy = f_1(x)$ 和 $ay'' + by' + cy = f_2(x)$ 的一个特解，则 $y_1^* + y_2^*$ 是微分方程 $ay'' + by' + cy = f_1(x) + f_2(x)$ 的一个特解.

五、向量的运算公式

设 $\boldsymbol{a} = (a_1, a_2, a_3), \boldsymbol{b} = (b_1, b_2, b_3)$，则有

(1) $k\boldsymbol{a} = (ka_1, ka_2, ka_3)$ (k 是常数)
(2) $\boldsymbol{a} \pm \boldsymbol{b} = (a_1 \pm b_1, a_2 \pm b_2, a_3 \pm b_3)$
(3) $|\boldsymbol{a}| = \sqrt{a_1^2 + a_2^2 + a_3^2}$
(4) 两向量的点积 $\boldsymbol{a} \cdot \boldsymbol{b}$
（ⅰ）定义：$\boldsymbol{a} \cdot \boldsymbol{b} = |\boldsymbol{a}||\boldsymbol{b}|\cos(\boldsymbol{a} \wedge \boldsymbol{b})$
由定义可知：$\boldsymbol{a} \perp \boldsymbol{b} \Leftrightarrow \boldsymbol{a} \cdot \boldsymbol{b} = 0$
$$\boldsymbol{a} \cdot \boldsymbol{a} = |\boldsymbol{a}|^2$$
$$\cos(\boldsymbol{a} \wedge \boldsymbol{b}) = \frac{\boldsymbol{a} \cdot \boldsymbol{b}}{|\boldsymbol{a}||\boldsymbol{b}|}$$
（ⅱ）坐标表达式下点积的计算公式
$\boldsymbol{a} \cdot \boldsymbol{b} = a_1 b_1 + a_2 b_2 + a_3 b_3$
(5) 两向量的叉积 $\boldsymbol{a} \times \boldsymbol{b}$
（ⅰ）定义：$\boldsymbol{a} \times \boldsymbol{b}$ 是一个向量 $\boldsymbol{c}$，其方向为 $\boldsymbol{a} \times \boldsymbol{b} \perp \boldsymbol{a}$，$\boldsymbol{a} \times \boldsymbol{b} \perp \boldsymbol{b}$，且 $\boldsymbol{a} \times \boldsymbol{b}$ 和 $\boldsymbol{a}, \boldsymbol{b}$ 构成右手系．

其大小 $|\boldsymbol{a} \times \boldsymbol{b}| = |\boldsymbol{a}||\boldsymbol{b}|\sin(\boldsymbol{a} \wedge \boldsymbol{b})$

由定义可知 $|\boldsymbol{a} \times \boldsymbol{b}|$ 等于以 $\boldsymbol{a}, \boldsymbol{b}$ 为邻边的平行四边形面积，以 $\boldsymbol{a}, \boldsymbol{b}$ 为边的三角形面积等于 $\frac{1}{2}|\boldsymbol{a} \times \boldsymbol{b}|$．

（ⅱ）坐标表达式下 $\boldsymbol{a} \times \boldsymbol{b}$ 的计算公式

$$\boldsymbol{a} \times \boldsymbol{b} = \begin{vmatrix} \boldsymbol{i} & \boldsymbol{j} & \boldsymbol{k} \\ a_1 & a_2 & a_3 \\ b_1 & b_2 & b_3 \end{vmatrix} = \begin{vmatrix} a_2 & a_3 \\ b_2 & b_3 \end{vmatrix} \boldsymbol{i} - \begin{vmatrix} a_1 & a_3 \\ b_1 & b_3 \end{vmatrix} \boldsymbol{j} + \begin{vmatrix} a_1 & a_2 \\ b_1 & b_2 \end{vmatrix} \boldsymbol{k}$$

注意：$\boldsymbol{a} \times \boldsymbol{b} = -\boldsymbol{b} \times \boldsymbol{a}$

六、空间平面方程与直线方程

1. 空间平面方程的两种形式
x, y, z 的一次方程在空间表示平面

(1) 空间平面的点法式方程

$A(x-x_0)+B(y-y_0)+C(z-z_0)=0$

其法向量为 $\boldsymbol{n}=(A,B,C)$,$M(x_0,y_0,z_0)$ 是平面上一已知点的坐标.

(2) 空间平面的一般方程

$Ax+By+Cz+D=0$

其中法向量为 $\boldsymbol{n}=(A,B,C)$

2. 空间直线方程的三种形式

(1) 空间直线的对称式方程

$$\frac{x-x_0}{m}=\frac{y-y_0}{n}=\frac{z-z_0}{p}$$

其方向向量 $\boldsymbol{s}=(m,n,p)$,(x_0,y_0,z_0) 是直线上一已知点的坐标.

注:分母上可以出现 0

(2) 空间直线的参数式方程

$$\begin{cases} x=x_0+mt \\ y=y_0+nt \\ z=z_0+pt \end{cases}$$

其方向向量 $\boldsymbol{s}=(m,n,p)$,(x_0,y_0,z_0) 是直线上一已知点的坐标.

(3) 空间直线的面交式方程

$$\begin{cases} A_1x+B_1y+C_1z+D_1=0 \\ A_2x+B_2y+C_2z+D_2=0 \end{cases}$$

其方向向量 $\boldsymbol{s}=(A_1,B_1,C_1)\times(A_2,B_2,C_2)$

为求得直线上一已知点的坐标,可令 $z=0$,由 $\begin{cases} A_1x+B_1y+D_1=0 \\ A_2x+B_2y+D_2=0 \end{cases}$ 解出 $x=x_0,y=y_0$,则 $(x_0,y_0,0)$ 即为直线上一已知点的坐标(也可令 $y=0$ 或 $x=0$).

七、级数相关定理与公式

1. 级数收敛的必要条件

若级数 $\sum\limits_{n=1}^{\infty} u_n$ 收敛，则必有 $\lim\limits_{n \to \infty} u_n = 0$.

2. 级数 $\sum\limits_{n=1}^{\infty} k u_n$（$k$ 为非零常数）与 $\sum\limits_{n=1}^{\infty} u_n$ 具有相同的敛散性.

3. 若级数 $\sum\limits_{n=1}^{\infty} u_n$ 和 $\sum\limits_{n=1}^{\infty} v_n$ 都收敛，则级数 $\sum\limits_{n=1}^{\infty} (u_n \pm v_n)$ 收敛.

注：若级数 $\sum\limits_{n=1}^{\infty} u_n$ 收敛，而级数 $\sum\limits_{n=1}^{\infty} v_n$ 发散，则级数 $\sum\limits_{n=1}^{\infty} (u_n \pm v_n)$ 发散.

4. p 级数 $\sum\limits_{n=1}^{\infty} \dfrac{1}{n^p}$，当 $p > 1$ 时收敛，当 $p \leqslant 1$ 时发散.

5. 等比级数 $\sum\limits_{n=1}^{\infty} a q^{n-1}$，当 $|q| < 1$ 时收敛，当 $|q| \geqslant 1$ 时发散.

6. 正项级数的比较判别法

设 $\sum\limits_{n=1}^{\infty} u_n$，$\sum\limits_{n=1}^{\infty} v_n$ 都是正项级数，若 $\lim\limits_{n \to \infty} \dfrac{u_n}{v_n} = l\ (0 < l < +\infty)$，则级数 $\sum\limits_{n=1}^{\infty} u_n$ 与 $\sum\limits_{n=1}^{\infty} v_n$ 有相同的敛散性.

7. 正项级数的比值判别法

设 $\sum\limits_{n=1}^{\infty} u_n$ 是正项级数，$\lim\limits_{n \to \infty} \dfrac{u_{n+1}}{u_n} = \rho$，则当 $\rho < 1$ 时，级数 $\sum\limits_{n=1}^{\infty} u_n$ 收敛；

当 $\rho > 1$ 时，级数 $\sum\limits_{n=1}^{\infty} u_n$ 发散；

当 $\rho=1$ 时,比值判别法失效.

8. 莱布尼茨定理

如果交错级数 $\sum\limits_{n=1}^{\infty}(-1)^{n-1}u_n(u_n\geqslant 0)$ 满足条件:(1) $u_n\geqslant u_{n+1}$;(2) $\lim\limits_{n\to\infty}u_n=0$,则 $\sum\limits_{n=1}^{\infty}(-1)^{n-1}u_n$ 收敛.

9. 绝对收敛与条件收敛

绝对收敛:如果 $\sum\limits_{n=1}^{\infty}|u_n|$ 收敛,则级数 $\sum\limits_{n=1}^{\infty}u_n$ 绝对收敛.

条件收敛:如果 $\sum\limits_{n=1}^{\infty}|u_n|$ 发散,而 $\sum\limits_{n=1}^{\infty}u_n$ 本身收敛,则级数 $\sum\limits_{n=1}^{\infty}u_n$ 条件收敛.

10. 基本展开式

(1) $e^x=\sum\limits_{n=0}^{\infty}\dfrac{x^n}{n!}$ $(-\infty<x<+\infty)$

(2) $\dfrac{1}{1-x}=\sum\limits_{n=0}^{\infty}x^n$ $(-1<x<1)$

$\dfrac{1}{1+x}=\sum\limits_{n=0}^{\infty}(-1)^n x^n$ $(-1<x<1)$

(3) $\ln(1+x)=\sum\limits_{n=0}^{\infty}(-1)^n\dfrac{x^{n+1}}{n+1}$ $(-1<x\leqslant 1)$

(4) $\sin x=\sum\limits_{n=0}^{\infty}(-1)^n\dfrac{x^{2n+1}}{(2n+1)!}$ $(-\infty<x<+\infty)$

$\cos x=\sum\limits_{n=0}^{\infty}(-1)^n\dfrac{x^{2n}}{(2n)!}$ $(-\infty<x<+\infty)$

八、二重积分

1. $\iint\limits_{D}f(x,y)\mathrm{d}x\mathrm{d}y$ 的值等于积分区域 D 的面积.

2. 直角坐标与极坐标的转换关系

$$\begin{cases} x = r\cos\theta \\ y = r\sin\theta \end{cases} (x^2 + y^2 = r^2)$$

$\mathrm{d}x\,\mathrm{d}y = r\,\mathrm{d}r\,\mathrm{d}\theta$

3. 对称区域上二重积分的性质

（1）如果积分区域 D 对称于 x 轴，则

当 $f(x,y)$ 关于 y 为奇函数，即 $f(x,-y) = -f(x,y)$ 时，$\iint\limits_{D} f(x,y)\mathrm{d}x\,\mathrm{d}y = 0$

当 $f(x,y)$ 关于 y 为偶函数，即 $f(x,-y) = f(x,y)$ 时，$\iint\limits_{D} f(x,y)\mathrm{d}x\,\mathrm{d}y = 2\iint\limits_{D_1} f(x,y)\mathrm{d}x\,\mathrm{d}y$，其中 D_1 是 D 位于 x 轴上方的部分

（2）如果积分区域 D 对称于 y 轴，则

当 $f(x,y)$ 关于 x 为奇函数，即 $f(-x,y) = -f(x,y)$ 时，$\iint\limits_{D} f(x,y)\mathrm{d}x\,\mathrm{d}y = 0$

当 $f(x,y)$ 关于 x 为偶函数，即 $f(-x,y) = f(x,y)$ 时，$\iint\limits_{D} f(x,y)\mathrm{d}x\,\mathrm{d}y = 2\iint\limits_{D_1} f(x,y)\mathrm{d}x\,\mathrm{d}y$，其中 D_1 是 D 位于 y 轴右方的部分

第二部分　高频题型解法要点

一、选择题、填空题高频题型解法要点

1. 利用重要极限 $\lim\limits_{\substack{x\to x_0\\(x\to\infty)}}[1+u(x)]^{\frac{1}{u(x)}}=e$(其中 $u(x)\to 0$) 求幂指函数的"1^∞"型极限

【解法要点】$\lim\limits_{\substack{x\to x_0\\(x\to\infty)}}[f(x)]^{\varphi(x)}\stackrel{"1^\infty"}{=\!=\!=}\lim\limits_{\substack{x\to x_0\\(x\to\infty)}}[1+(f(x)-1)]^{\frac{1}{f(x)-1}[f(x)-1]\varphi(x)}$,求出 $\lim\limits_{\substack{x\to x_0\\(x\to\infty)}}[f(x)-1]\cdot\varphi(x)$.

若 $\lim\limits_{\substack{x\to x_0\\(x\to\infty)}}[f(x)-1]\cdot\varphi(x)=A$,则原极限 $=e^A$.

典型题:2011—7,2012—7,2013—10,2014—7,2015—7

2. 确定函数 $f(x)$ 的间断点类型

【解法要点】(1) 确定函数 $f(x)$ 的间断点

确定方法:a. $f(x)$ 中分母为 0 的点必是间断点;

b. 若 $f(x)$ 是分段函数,则其分段点可能是间断点.

(2) 确定间断点的手段——求极限

设 $x=x_0$ 是 $f(x)$ 的间断点,则当 $\lim\limits_{x\to x_0}f(x)=A$(常数)时,$x=x_0$ 是 $f(x)$ 的第一类可去间断点;

当 $\lim\limits_{x\to x_0}f(x)=\infty$ 时,$x=x_0$ 是 $f(x)$ 的第二类无穷间断点.

若必须分左右极限求,则分别求出左右极限.

$f(x_0-0)=\lim\limits_{x\to x_0^-}f(x),f(x_0+0)=\lim\limits_{x\to x_0^+}f(x)$

当 $f(x_0-0)=f(x_0+0)$ 时,$x=x_0$ 是 $f(x)$ 的第一类可去间断点;

当 $f(x_0-0) \neq f(x_0+0)$ 时,$x=x_0$ 是 $f(x)$ 的第一类跳跃间断点;

当 $f(x_0-0)$ 或 $f(x_0+0)$ 中出现 ∞ 时,$x=x_0$ 是 $f(x)$ 的第二类无穷间断点.

典型题:2012—2,2013—3,2015—3

3. 比较两无穷小的阶

【解法要点】 设 $\lim\limits_{\substack{x \to x_0 \\ (x \to \infty)}} f(x)=0$,$\lim\limits_{\substack{x \to x_0 \\ (x \to \infty)}} \varphi(x)=0$,要确定它们阶的关系,则求极限:

若 $\lim\limits_{\substack{x \to x_0 \\ (x \to \infty)}} \dfrac{f(x)}{\varphi(x)}=0$,则 $f(x)$ 是比 $\varphi(x)$ 高阶的无穷小;

若 $\lim\limits_{\substack{x \to x_0 \\ (x \to \infty)}} \dfrac{f(x)}{\varphi(x)}=\infty$,则 $f(x)$ 是比 $\varphi(x)$ 低阶的无穷小;

若 $\lim\limits_{\substack{x \to x_0 \\ (x \to \infty)}} \dfrac{f(x)}{\varphi(x)}=c(\neq 1)$,则 $f(x)$ 与 $\varphi(x)$ 是同阶无穷小;

若 $\lim\limits_{\substack{x \to x_0 \\ (x \to \infty)}} \dfrac{f(x)}{\varphi(x)}=1$,则 $f(x)$ 与 $\varphi(x)$ 是等价无穷小.

典型题:2011—1,2013—1,2015—1

4. 求待定常数类型

A 类:已知极限存在,$\lim\limits_{x \to x_0} f(x)=A$(常数),求待定常数

【解法要点】(1) 若已知 $\lim\limits_{x \to x_0} \dfrac{p(x)}{q(x)}=A$,且 $\lim\limits_{x \to x_0} q(x)=0$,则必有 $\lim\limits_{x \to x_0} p(x)=0$,利用洛必达法则求出待定常数值;

(2) 若已知 $\lim\limits_{x \to x_0} \dfrac{p(x)}{q(x)}=A \neq 0$ 且 $\lim\limits_{x \to x_0} p(x)=0$,则必有 $\lim\limits_{x \to x_0} q(x)=0$,利用洛必达法则求出待定常数值;

(3) 若已知 $\lim\limits_{\substack{x \to x_0 \\ (x \to \infty)}} [f(x)]^{\varphi(x)} \stackrel{\text{"}1^{\infty}\text{"}}{=} A$,则利用重要极限求出左

端极限,令其等于 A 求出待定常数值.

典型题:2009—1,2009—7,2011—7

B 类:已知两无穷小阶的关系,求待定常数

【解法要点】(1) 若已知当 $x \to x_0$ 时,$f(x)$ 是比 $\varphi(x)$ 高阶的无穷小,则利用 $\lim\limits_{x \to x_0} \dfrac{f(x)}{\varphi(x)} = 0$ 求出待定常数值;

(2) 若已知当 $x \to x_0$ 时,$f(x)$ 与 $\varphi(x)$ 是等价无穷小,则利用 $\lim\limits_{x \to x_0} \dfrac{f(x)}{\varphi(x)} = 1$ 求出待定常数值.

典型题:2010—1

C 类:已知间断点的类型,求待定常数

【解法要点】(1) 若已知 $x = x_0$ 是 $f(x)$ 的可去间断点,则利用 $\lim\limits_{x \to x_0} f(x) = A$ 存在但 $\lim\limits_{x \to x_0} f(x) \neq f(x_0)$ 求出待定常数值(当必须分左右极限求极限时,则利用 $f(x_0 - 0) = f(x_0 + 0) \neq f(x_0)$ 求出待定常数值);

(2) 若已知 $x = x_0$ 是 $f(x)$ 的跳跃间断点,则利用 $f(x_0 - 0) \neq (x_0 + 0)$ 求出待定常数值.

典型题:2011—23(2)(3),2014—1

D 类:已知 $f(x)$ 在 $x = x_0$ 处可导,求待定常数

【解法要点】利用极限 $\lim\limits_{x \to x_0} \dfrac{f(x) - f(x_0)}{x - x_0}$ 存在,求出待定常数值(当必须分左右极限求时,则利用 $f'_-(x_0) = f'_+(x_0)$ 求出待定常数值)

典型题:2009—3

E 类:已知可导函数的极值点,求待定常数

【解法要点】若 $x = x_0$ 是函数 $f(x)$ 的可导极值点,则必有 $f'(x_0) = 0$,故可利用 $f'(x_0) = 0$ 求出待定常数值.

典型题:2014—8,2015—22(1)

F 类:已知曲线 $y = f(x)$ 的拐点,求待定常数

【解法要点】若(a,b)是二阶可导函数$f(x)$图形的拐点,则必有$\begin{cases}f''(a)=0\\f(a)=b\end{cases}$,故可利用$\begin{cases}f''(a)=0\\f(a)=b\end{cases}$求出待定常数值.

典型题:2011—3

5. 求曲线$y=f(x)$的水平渐近线和垂直渐近线

【解法要点】(1) 水平渐近线求法:求极限$\lim\limits_{x\to\infty}f(x)$,若$\lim\limits_{x\to\infty}f(x)=A$(常数),则直线$y=A$是曲线$y=f(x)$的水平渐近线;

(2) 垂直渐近线求法:选取常数a,若$\lim\limits_{x\to a}f(x)=\infty$,则直线$x=a$是曲线$y=f(x)$的垂直渐近线($a$的取法:取$x=a$为$f(x)$表达式中分母为0的点).

典型题:2013—2,2014—7

6. 利用导数定义求极限

相关知识:(1) $f(x)$在点$x=x_0$处导数定义:$f'(x_0)=\lim\limits_{\Delta x\to 0}\dfrac{f(x_0+\Delta x)-f(x_0)}{\Delta x}$或$\lim\limits_{x\to x_0}f'(x_0)=\lim\limits_{x\to x_0}\dfrac{f(x)-f(x_0)}{x-x_0}$;

(2) 可以直接用的结论:如果$f(x)$在$x=x_0$处可导,则$\lim\limits_{\Delta x\to 0}\dfrac{f(x_0+\alpha\Delta x)-f(x_0+\beta\Delta x)}{\Delta x}=(\alpha-\beta)f'(x)$.

【解法要点】若已知$f(x)$在$x=x_0$处可导或已知$f'(x_0)=A$,求一个分式的极限,则将所求极限化成$f'(x_0)$定义的形式,利用导数定义求出极限值,或直接利用可以直接用的结论(上述(2))求出极限值.

典型题:2011—2

7. 求曲线$y=f(x)$的切线方程

【解法要点】(1) 若切点$(x_0,f(x_0))$已知,则切线方程为$y-f(x_0)=f'(x_0)(x-x_0)$;

(2) 若切点未知,则设切点为$(a,f(a))$,写出切线方程的形式：$y-f(a)=f'(a)(x-a)$，利用切线所满足的条件求出 a 的值，即得曲线方程.

典型题：2013—6，2015—8

8. 求函数 $y=f(x)$ 的单调区间、极值及在 $[a,b]$ 上的最值

【解法要点】（1）确定 $f(x)$ 的定义域；

（2）求出 $f'(x)$，并在 $f(x)$ 的定义域内求出使 $f'(x)=0$ 的点及 $f'(x)$ 不存在的点 $x_1,x_2,\cdots,x_k$；

（3）在定义域内插入上述各点，列表判定各小区间内 $f'(x)$ 的正负，即得单调区间、极值. 若要求 $f(x)$ 在 $[a,b]$ 上的最值，则在 (a,b) 内求出使 $f'(x)=0$ 的点及 $f'(x)$ 不存在的点，计算上述各点处的函数值及 $f(a)$、$f(b)$，取其中最大（小）者，即为 $f(x)$ 在 $[a,b]$ 上的最大（小）值.

典型题：2012—22

9. 求曲线 $y=f(x)$ 的凹凸区间、拐点

【解法要点】（1）确定 $f(x)$ 的定义域；

（2）求出 $f''(x)$，并在 $f(x)$ 的定义域内求出使 $f''(x)=0$ 的点及 $f''(x)$ 不存在的点 $x_1,x_2\cdots,x_k$；

（3）在定义域内插入上述各点，列表判定各小区间内 $f''(x)$ 的正负，即得凹凸区间、拐点.

典型题：2012—22，2014—2

10. 原函数与不定积分的概念题

【解法要点】（1）利用原函数概念及不定积分定义：

如果 $f(x)$ 的一个原函数是 $F(x)$，则有

$$\begin{cases} f(x)=F'(x) \\ \int f(x)\mathrm{d}x = F(x)+C \end{cases}$$

（2）利用不定积分与求导的逆运算关系

$$\left[\int f[\varphi(x)]\mathrm{d}x\right]' = f[\varphi(x)]$$

$$\int f'[\varphi(x)]\mathrm{d}\varphi(x) = f[\varphi(x)] + C$$

典型题：2009—5,2014—3,2015—4

11. 求积分上限函数的导数

【解法要点】 利用积分上限函数的求导方法直接求.

$$\left[\int_a^{\varphi(x)} f(t)\mathrm{d}t\right]' = f[\varphi(x)] \cdot \varphi'(x)$$

$$\left[\int_{g(x)}^b f(t)\mathrm{d}t\right]' = -f[g(x)] \cdot g'(x)$$

$$\left[\int_{g(x)}^{\varphi(x)} f(t)\mathrm{d}t\right]' = f[\varphi(x)] \cdot \varphi'(x) - f[g(x)] \cdot g'(x)$$

典型题：2011—8

12. 求定积分的值

【解法要点】 对于填空题出现的定积分题，应考虑利用对称区间上奇偶函数的积分性质及定积分的几何意义：当 $f(x) \geqslant 0$ 时，定积分 $\int_a^b f(x)\mathrm{d}x$ 的值等于由曲线 $y = f(x)$，直线 $x = a$，$x = b$ 及 x 轴所围成的平面图形的面积.

典型题：2011—11,2014—9

13. 判断无穷区间上的广义积分（反常积分）的敛散性或计算广义积分

【解法要点】 根据无穷区间上广义积分的定义求解.

$$\int_a^{+\infty} f(x)\mathrm{d}x = \lim_{b \to +\infty} \int_a^b f(x)\mathrm{d}x$$

$$\int_{-\infty}^b f(x)\mathrm{d}x = \lim_{a \to -\infty} \int_a^b f(x)\mathrm{d}x$$

$$\int_{-\infty}^{+\infty} f(x)\mathrm{d}x = \lim_{a \to -\infty} \int_a^0 f(x)\mathrm{d}x + \lim_{b \to +\infty} \int_0^b f(x)\mathrm{d}x$$

右端极限存在，则广义积分收敛；右端极限不存在，则广义积分发散.

典型题:2012—11,2016—24(2)

14. 求解一阶微分方程

【解法要点】 专转本考试中涉及的一阶微分方程主要是一阶线性方程和变量可分离方程. 求解一阶微分方程时,应先分清方程类型,再根据方程类型,按相应方法求解. 解题步骤如下:

(1) 先判断是不是一阶线性方程(即看方程中 y 和 y' 是不是都是一次的,且没有 yy' 项)

如果是,化成标准形式 $y' + p(x)y = q(x)$,代入通解公式得通解 $y = e^{-\int p(x)dx}[\int q(x)e^{\int p(x)dx}dx + C]$;

如果不是,按(2)求解.

(2) 分离变量,两边积分得通解

典型题:2009—12,2013—11,2014—24(1),2015—11

15. 向量运算题

【基本知识点】 (1) 若 $A(x_1, y_1, z_1)$,$B(x_2, y_2, z_2)$,则 $\overrightarrow{AB} = (x_2 - x_1)\boldsymbol{i} + (y_2 - y_1)\boldsymbol{j} + (z_2 - z_1)\boldsymbol{k}$

(2) 若 $\boldsymbol{a} = (a_1, a_2, a_3)$,则 $|\boldsymbol{a}| = \sqrt{a_1^2 + a_2^2 + a_3^2}$

(3) 若 $\boldsymbol{a} = (a_1, a_2, a_3)$,则 $k\boldsymbol{a} = (ka_1, ka_2, ka_3)$($k$ 是常数)

(4) 若 $\boldsymbol{a} = (a_1, a_2, a_3)$,$\boldsymbol{b} = (b_1, b_2, b_3)$,则 $\boldsymbol{a} \pm \boldsymbol{b} = (a_1 \pm b_1, a_2 \pm b_2, a_3 \pm b_3)$

(5) 若 $\boldsymbol{a} = (a_1, a_2, a_3)$,$\boldsymbol{b} = (b_1, b_2, b_3)$,则 $\boldsymbol{a} \cdot \boldsymbol{b} = |\boldsymbol{a}||\boldsymbol{b}|\cos(\boldsymbol{a} \wedge \boldsymbol{b})$

由此可知:① $\boldsymbol{a} \perp \boldsymbol{b} \Leftrightarrow \boldsymbol{a} \cdot \boldsymbol{b} = 0$

② $|\boldsymbol{a}|^2 = \boldsymbol{a} \cdot \boldsymbol{a}$

③ $\cos(\boldsymbol{a} \wedge \boldsymbol{b}) = \dfrac{\boldsymbol{a} \cdot \boldsymbol{b}}{|\boldsymbol{a}||\boldsymbol{b}|}$

$\boldsymbol{a} \cdot \boldsymbol{b}$ 的计算公式:$\boldsymbol{a} \cdot \boldsymbol{b} = a_1b_1 + a_2b_2 + a_3b_3$

(6) 若 $\boldsymbol{a} = (a_1, a_2, a_3)$,$\boldsymbol{b} = (b_1, b_2, b_3)$,则 $\boldsymbol{a} \times \boldsymbol{b}$ 的定义:$\boldsymbol{a} \times \boldsymbol{b}$ 是一个向量,且 $\boldsymbol{a} \times \boldsymbol{b} \perp \boldsymbol{a}$,$\boldsymbol{a} \times \boldsymbol{b} \perp \boldsymbol{b}$

$|a \times b| = |a||b|\sin(a \wedge b)$

由此可知：(1) $|a \times b|$ 等于以 a, b 为邻边的平行四边形面积；

(2) 以 a, b 为边的三角形面积等于 $\frac{1}{2}|a \times b|$.

$a \times b$ 的计算公式：

$$a \times b = \begin{vmatrix} i & j & k \\ a_1 & a_2 & a_3 \\ b_1 & b_2 & b_3 \end{vmatrix} = \begin{vmatrix} a_2 & a_3 \\ b_2 & b_3 \end{vmatrix} i - \begin{vmatrix} a_1 & a_3 \\ b_1 & b_3 \end{vmatrix} j + \begin{vmatrix} a_1 & a_2 \\ b_1 & b_2 \end{vmatrix} k$$

注：$a \times b = -b \times a$

【解法要点】 按上述相应的知识点解题. 当涉及求向量的模及向量的点积、叉积运算时，若向量的坐标表达式已知，则按计算方法解题；若向量的坐标表达式未知，则按相应的定义解题.

典型题：2011—9，2012—10，2013—8，2014—11，2015—9

16. 求二元函数 $z = f(x, y)$ 的全微分 $\mathrm{d}z$ 或 $\mathrm{d}z\big|_{\substack{x=x_0 \\ y=y_0}}$

【解法要点】(1) 在 $z = f(x, y)$ 中视 y 为常数，对 x 求偏导数，得 $\frac{\partial z}{\partial x}$

(2) 在 $z = f(x, y)$ 中视 x 为常数，对 y 求偏导数，得 $\frac{\partial z}{\partial y}$

(3) $\mathrm{d}z = \frac{\partial z}{\partial x}\mathrm{d}x + \frac{\partial z}{\partial y}\mathrm{d}y$

$\mathrm{d}z\big|_{\substack{x=x_0 \\ y=y_0}} = \frac{\partial z}{\partial x}\big|_{\substack{x=x_0 \\ y=y_0}}\mathrm{d}x + \frac{\partial z}{\partial y}\big|_{\substack{x=x_0 \\ y=y_0}}\mathrm{d}y$

典型题：2011—4，2012—4，2014—10

17. 求二元隐函数的偏导数

问题：设函数 $z=z(x,y)$ 由方程 $F(x,y,z)=0$ 所确定，求 $\frac{\partial z}{\partial x}, \frac{\partial z}{\partial y}$ 或求 $\frac{\partial z}{\partial x}\Big|_{\substack{x=x_0\\y=y_0}}, \frac{\partial z}{\partial y}\Big|_{\substack{x=x_0\\y=y_0}}$

【解法要点】(1) 求 $\frac{\partial z}{\partial x}$：在方程 $F(x,y,z)=0$ 中视 y 为常数，两边对 x 求偏导数（注意：当对含有 z 的项求导时，按通常方法求导后 $\times \frac{\partial z}{\partial x}$）从中解出 $\frac{\partial z}{\partial x}$；

(2) 求 $\frac{\partial z}{\partial y}$：在方程 $F(x,y,z)=0$ 中视 x 为常数，两边对 y 求偏导数（注意：当对含有 z 的项求导时，按通常方法求导后 $\times \frac{\partial z}{\partial y}$）从中解出 $\frac{\partial z}{\partial y}$.

【注意】当求 $\frac{\partial z}{\partial x}\Big|_{\substack{x=x_0\\y=y_0}}, \frac{\partial z}{\partial y}\Big|_{\substack{x=x_0\\y=y_0}}$ 时，结果中出现的 z 必须用将 $x=x_0, y=y_0$ 代入原方程后，由 $F(x,y,z)=0$ 中解出的 z 的值代入.

典型题：2011—4

18. 交换二次积分的积分次序

【解法要点】(1) 根据所给的二次积分，写出用不等式组表示的积分区域 D：
$$\begin{cases} 下限 \leqslant x \leqslant 上限 \\ 下限 \leqslant y \leqslant 上限 \end{cases}$$

(2) 根据不等式组在 xOy 平面上画出 D 的草图；

(3) 根据 D 的草图，按与所给积分次序相反的次序化成二次积分.

典型题：2010—5, 2014—5

19. 将直角坐标系下的二次积分化成极坐标系下的二次积分

【解法要点】(1) 根据所给的二次积分,写出用不等式组表示的积分区域 D:

$$\begin{cases} 下限 \leqslant x \leqslant 上限 \\ 下限 \leqslant y \leqslant 上限 \end{cases}$$

(2) 根据不等式组在 xOy 平面上画出 D 的草图;

(3) 利用 $\begin{cases} x = r\cos\theta \\ y = r\sin\theta \end{cases}$ $(x^2 + y^2 = r^2)$,$\mathrm{d}x\,\mathrm{d}y = r\,\mathrm{d}r\,\mathrm{d}\theta$ 将围成积分区域 D 的所有曲线方程化成极坐标形式,将被积表达式化成极坐标形式;

(4) 化成极坐标系下的二次积分

典型题:2012—5

20. 判定级数的敛散性

相关知识点:(1) 级数收敛的必要条件:若级数 $\sum\limits_{n=1}^{\infty} u_n$ 收敛,则必有 $\lim\limits_{n \to \infty} u_n = 0$

(2) 重要结论:a:p 级数 $\sum\limits_{n=1}^{\infty} \dfrac{1}{n^p}$ 当 $p > 1$ 时收敛,当 $p \leqslant 1$ 时发散;

b:等比级数 $\sum\limits_{n=1}^{\infty} aq^{n-1}$ 当 $|q| < 1$ 时收敛,当 $|q| \geqslant 1$ 时发散

(3) 正项级数的比较判别法:设 $\sum\limits_{n=1}^{\infty} u_n$,$\sum\limits_{n=1}^{\infty} v_n$ 都是正项级数,如果 $\lim\limits_{n \to \infty} \dfrac{u_n}{v_n} = l$ $(0 < l < +\infty)$,则级数 $\sum\limits_{n=1}^{\infty} u_n$ 与 $\sum\limits_{n=1}^{\infty} v_n$ 敛散性相同

(4) 正项级数的比值判别法:设级数 $\sum\limits_{n=1}^{\infty} u_n$ 是正项级数,如果 $\lim\limits_{n \to \infty} \dfrac{u_{n+1}}{u_n} = \rho$,则当 $\rho < 1$ 时,级数 $\sum\limits_{n=1}^{\infty} u_n$ 收敛;当 $\rho > 1$ 时,级数

$\sum_{n=1}^{\infty} u_n$ 发散

(5) 交错级数的莱布尼茨定理:

交错级数 $\sum_{n=1}^{\infty}(-1)^{n-1}u_n(u_n \geqslant 0)$ 满足条件: ① $u_n \geqslant u_{n+1}$;
② $\lim_{n\to\infty} u_n = 0$, 则级数 $\sum_{n=1}^{\infty}(-1)^{n-1}u_n$ 收敛

(6) 级数的主要性质:

1° $\sum_{n=1}^{\infty} ku_n$ (常数 $k \neq 0$) 与 $\sum_{n=1}^{\infty} u_n$ 敛散性相同

2° 对于形如 $\sum_{n=1}^{\infty}(u_n \pm v_n)$ 的级数,当 $\sum_{n=1}^{\infty} u_n$, $\sum_{n=1}^{\infty} v_n$ 都收敛时,级数收敛;当 $\sum_{n=1}^{\infty} u_n$, $\sum_{n=1}^{\infty} v_n$ 中的一个级数收敛,另一级数发散时,级数发散

【级数判敛的解题步骤】1. 先看 $\lim_{n\to\infty} u_n$ 是否等于 0: (1) 若 $\lim_{n\to\infty} u_n \neq 0$, 则级数 $\sum_{n=1}^{\infty} u_n$ 发散;(2) 若 $\lim_{n\to\infty} u_n = 0$ 或不易看出 $\lim_{n\to\infty} u_n$ 是否等于 0, 则转入 2;

2. 分清级数 $\sum_{n=1}^{\infty} u_n$ 的类型(分清 $\sum_{n=1}^{\infty} u_n$ 是正项级数还是交错级数,还是形如 $\sum_{n=1}^{\infty}[\text{正项} \pm \text{交错项}]$ 的级数.

(1) 若 $\sum_{n=1}^{\infty} u_n$ 是正项级数,则进而考虑能否找出比较用级数 $\sum_{n=1}^{\infty} v_n$, 若能找出 $\sum_{n=1}^{\infty} v_n$, 则找出 $\sum_{n=1}^{\infty} v_n$ ($\sum_{n=1}^{\infty} v_n$ 必是 p 级数). 若 $\sum_{n=1}^{\infty} v_n$ 收敛(发散),则 $\sum_{n=1}^{\infty} u_n$ 收敛(发散). 若不能找出比较用级

数 $\sum_{n=1}^{\infty} v_n$，则用比值判定 $\sum_{n=1}^{\infty} u_n$ 的敛散性

(2) 若 $\sum_{n=1}^{\infty} u_n$ 是交错级数，则用莱布尼茨定理判定

(3) 若级数是 $\sum_{n=1}^{\infty} [正项 \pm 交错项]$ 的形式，则用上述性质(6)2°判定其敛散性

典型题：2013—5，2014—6

21. 判定级数 $\sum_{n=1}^{\infty} u_n$ 的绝对收敛性、条件收敛性

【解法要点】(1) 先看 $\sum_{n=1}^{\infty} |u_n|$ 是否收敛（可用比较判别法、比值判别法）

若 $\sum_{n=1}^{\infty} |u_n|$ 收敛，则 $\sum_{n=1}^{\infty} u_n$ 绝对收敛；若 $\sum_{n=1}^{\infty} |u_n|$ 发散，则转入2；

(2) 再看 $\sum_{n=1}^{\infty} u_n$ 是否收敛（用莱布尼茨定理）

1° 若 $\sum_{n=1}^{\infty} u_n$ 收敛，则 $\sum_{n=1}^{\infty} u_n$ 条件收敛；

2° 若 $\sum_{n=1}^{\infty} u_n$ 发散，则 $\sum_{n=1}^{\infty} u_n$ 发散

注：级数 $\sum_{n=1}^{\infty} \frac{(-1)^n}{\sqrt{n}}$ 条件收敛.

典型题：2012—6，2015—5

22. 求幂级数 $\sum_{n=1}^{\infty} u_n(x)$ 的收敛域

【解法要点】(1) 令 $\lim\limits_{n \to \infty} \left| \frac{u_{n+1}(x)}{u_n(x)} \right| < 1$，解出 $\alpha < x < \beta$（收敛半径为 $R = \frac{\beta - \alpha}{2}$）；

(2) 将 $x=\alpha, x=\beta$ 分别代入原级数得级数 $\sum\limits_{n=0}^{\infty}u_n(\alpha)$, $\sum\limits_{n=0}^{\infty}u_n(\beta)$,分别判定它们的敛散性;

(3) 幂级数 $\sum\limits_{n=0}^{\infty}u_n(x)$ 的收敛域为 $(\alpha,\beta)\bigcup\{收敛的端点\}$.

典型题:2010—12,2011—12,2012—12,2013—12,2014—12,2015—12

二、计算题高频题型解法要点

1. 利用洛必达法则求未定式的极限

A 类:求"$\dfrac{0}{0}$"、"$\dfrac{\infty}{\infty}$"型极限

【解法要点】直接使用洛必达法则,即

$$\lim_{\substack{x\to x_0\\(x\to\infty)}}\frac{f(x)}{\varphi(x)}\xlongequal{"\frac{0}{0}"或"\frac{\infty}{\infty}"}\lim_{\substack{x\to x_0\\(x\to\infty)}}\frac{f'(x)}{\varphi'(x)}$$

在解题中,注意使用下述技巧:(1) 对式中极限为 0 的因式,考虑等价无穷小代换;

(2) 对式中极限不为 0 的因式,先将其极限值求出.

解题步骤:一看类型(只有"$\dfrac{0}{0}$"或"$\dfrac{\infty}{\infty}$"型极限才可使用洛必达法则);二看技巧;三用洛必达法则;四化简;五重复上述过程,直至求出极限值.

典型题:2011—13, 2012—13,2015—13

B 类:求"$\infty-\infty$"型极限

【解法要点】对所求极限式通分,化成"$\dfrac{0}{0}$"型极限,再用 A 类中方法求解.

典型题:2013—13,2014—13

2. 求函数的导数

A类:求由参数方程所确定的函数的导数

问题:设函数 $y=y(x)$ 由参数方程 $\begin{cases} x=f(t) \\ y=\varphi(t) \end{cases}$ 所确定,求 $\dfrac{dy}{dx}, \dfrac{d^2y}{dx^2}$.

【解法要点】(1) 由 $x=f(t)$ 两边对 t 求导,得 $\dfrac{dx}{dt}=f'(t)$

由 $y=\varphi(t)$ 两边对 t 求导,得 $\dfrac{dy}{dt}=\varphi'(t)$

则 $\dfrac{dy}{dx}=\dfrac{dy}{dt}\Big/\dfrac{dx}{dt}=\dfrac{\varphi'(t)}{f'(t)}$

(2) $\dfrac{d^2y}{dx^2}=\left(\dfrac{dy}{dx}\right)'_t \cdot \dfrac{1}{\dfrac{dx}{dt}}$

典型题:2009—14,2012—14

B类:求一元隐函数的一、二阶导数 $\dfrac{dy}{dx}, \dfrac{d^2y}{dx^2}$

问题:设函数 $y=y(x)$ 由方程 $F(x,y)=0$ 所确定,求 $\dfrac{dy}{dx}, \dfrac{d^2y}{dx^2}$.

【解法要点】(1) 方程 $F(x,y)=0$ 两边对 x 求导(注意:当对含有 y 的项求导时,按通常方法求导后 $\times y'$) 得(1)式;

(2) (1)式两边再对 x 求导(注意:① 当对含有 y 的项求导时,按通常方法求导后 $\times y'$;② y' 再求导为 y'');

(3) 从(2)中解出 y''(注意:解出 y'' 的表达式中所含的 y' 必须用从(1)式解得的 y' 表达式代入).

典型题:2010—14

C类:求一元隐函数的一、二阶导数当 $x=a$ 时的值,即

$\dfrac{dy}{dx}\Big|_{x=a}$, $\dfrac{d^2y}{dx^2}\Big|_{x=a}$.

问题：设函数 $y=y(x)$ 由方程 $F(x,y)=0$ 所确定，求 $\dfrac{dy}{dx}\Big|_{x=a}$, $\dfrac{d^2y}{dx^2}\Big|_{x=a}$.

【解法要点】(1)(2) 同 B 类中(1)(2)；

(3) 代值，将 $x=a$ 代入原方程，求出 $y=b$，再将 $x=a$，$y=b$ 代入(1)式，求出 $y'(a)$ 的值；最后将 $x=a$，$y=b$ 及 $y'(a)$ 的值代入(2)式，求出 $y''(a)$ 的值．

典型题：冲刺班教材计算题部分例 2.2－4

D 类：求混合形式函数的导数

【解法要点】遇何种形式函数求导，就用该种函数的求导方法求导．

典型题：2011—14，2014—14

E 类：求二元隐函数的二阶偏导数

问题：设函数 $z=z(x,y)$ 由方程 $F(x,y,z)=0$ 所确定，求二阶偏导数．

【解法要点】以求 $\dfrac{\partial^2 z}{\partial x^2}$ 为例说明．

(1) 在方程 $F(x,y,z)=0$ 中视 y 为常数，两边对 x 求偏导数(注意：对含有 z 的项求导时，按通常方法求导后 $\times \dfrac{\partial z}{\partial x}$) 得(1)式；

(2) (1)式两边再对 x 求偏导数(视 y 为常数)(注意：① 对含有 z 的项求导时，按通常方法求导后 $\times \dfrac{\partial z}{\partial x}$；② $\dfrac{\partial z}{\partial x}$ 再对 x 求偏导数为 $\dfrac{\partial^2 z}{\partial x^2}$，从中解出 $\dfrac{\partial^2 z}{\partial x^2}$ (注意：解出的 $\dfrac{\partial^2 z}{\partial x^2}$ 表达式中所含的 $\dfrac{\partial z}{\partial x}$ 要用从(1)式中解出的 $\dfrac{\partial z}{\partial x}$ 表达式代入)．

典型题:2013—14

3. 求不定积分

解题必备知识:(1) 积分公式;(2) 凑微分公式;(3) 分部积分公式.

求不定积分的几个普适原则:

(1) 求统一的原则:积分号下函数的种类越少越有利于积分,故应考虑能否通过恒等变形或凑微分尽量减少积分号下函数的种类;

(2) 被积函数的分母中项数越少越有利于积分,故应考虑能否经恒等变形尽量减少被积函数分母中的项数;

(3) 见根号去根号,常能起到简化积分的作用.

【解题思路步骤】 鉴于专转本考试中不定积分的考核重点是分部积分法,故在考试中求解不定积分解题时首先应考虑该不该用分部积分法,可按下列思路解题:

(1) 该不该用分部积分法? 如不该用分部积分法,则用凑微分法

判断依据:① 反、对、幂、三、指;② 两两相乘就分部.

如用该积分法,则

(2) 确定 u 和 dv

确定依据:① 排列在前选作 u;② 其余部分是 dv.

(3) 具体运算

选作 dv 的部分凑微分,明确 v 的表达式代入分部积分公式

$$\int u\,dv = uv - \int v\,du$$

使用过分部积分法后,对所得的新积分继续上述过程.

典型题:2011—15, 2012—15, 2013—15, 2014—15, 2015—16

4. 计算定积分

【解法要点】 计算定积分时的积分方法与对应的不定积分完全相同.

鉴于专转本考试中,计算定积分的考核重点是第二种换元积分法,故在计算定积分时,首选方法是见根号去根号.去根号方法如下：

被积函数中含有　　　　作代换
$\sqrt[n]{ax+b}$　　　　　令 $\sqrt[n]{ax+b}=t$
$\sqrt{a^2-x^2}$　　　　　令 $x=a\sin t(\sqrt{a^2-x^2}=a\cos t)$
$\sqrt{a^2+x^2}$　　　　　令 $x=a\tan t(\sqrt{a^2+x^2}=\dfrac{a}{\cos t})$

注意:换元必须同时换限. 换限方法如下：
$$\int_a^b f(x)\mathrm{d}x \xrightarrow{x=\varphi(t)} \int_\alpha^\beta f[\varphi(t)]\mathrm{d}\varphi(t)$$
将 $x=a$ 代入 $x=\varphi(t)$ 中,由 $a=\varphi(t)$ 解出 $t=\alpha$ 为新下限;
将 $x=b$ 代入 $x=\varphi(t)$ 中,由 $b=\varphi(t)$ 解出 $t=\beta$ 为新上限.
典型题:2011—16,2012—16,2013—16,2014—16,2015—17

5. 求空间平面方程

【解法要点】(1) 找出平面上一已知点坐标(x_0,y_0,z_0).

(2) 求出平面的法向量 **n**. 为求 **n**,应分析 **n** 和哪两个向量都垂直,若分析得 $\boldsymbol{n} \perp \boldsymbol{a}, \boldsymbol{n} \perp \boldsymbol{b}$,则可取 $\boldsymbol{n}=\boldsymbol{a}\times\boldsymbol{b}=(A,B,C)$(注意:若题中有已知平面或已知直线,则先抽取它们的法向量或方向向量后再分析).

(3) 代入平面的点法式方程 $A(x-x_0)+B(y-y_0)+C(z-z_0)=0$.

典型题:2011—17,2013—18,2014—17

6. 求空间直线方程

【解法要点】(1) 找出直线上一已知点坐标(x_0,y_0,z_0).

(2) 求出直线的方向向量 **s**. 为求 **s**,应分析 **s** 和哪两个向量都垂直,若分析得 $\boldsymbol{s} \perp \boldsymbol{a}, \boldsymbol{s} \perp \boldsymbol{b}$,则可取 $\boldsymbol{s}=\boldsymbol{a}\times\boldsymbol{b}=(m,n,p)$(注意:若题中有已知平面或已知直线,则先抽取它们的法向量或方向向量后再分析).

（3）代入直线的对称式方程 $\dfrac{x-x_0}{m}=\dfrac{y-y_0}{n}=\dfrac{z-z_0}{p}$.

典型题：2010—17，2012—17，2015—15

7. 求含抽象函数的二元复合函数 $z=f[u(x,y),v(x,y)]$ 的二阶偏导数

【解法要点】求导时注意以下三点：

（1）对每一个中间变量都要求导；

（2）每次求导都要求导到底；

（3）f'_1,f'_2 与 f' 具有相同的中间变量，f'_1 即是 $f'_1[u(x,y),v(x,y)]$ 的简写，f'_2 是 $f'_2[u(x,y),v(x,y)]$ 的简写.

典型题：2011—18，2012—18，2013—17，2014—18，2015—18

8. 计算二重积分

【解法要点】（1）在 xOy 平面上画出积分区域 D 的草图.

（2）选择坐标系. 如果积分区域 D 与圆有关，或被积函数中含有 x^2+y^2 或 $\dfrac{y}{x}$，则采用极坐标系计算.

（3）$1°$ 若采用极坐标系计算，则利用 $\begin{cases} x=r\cos\theta \\ y=r\sin\theta \end{cases}$ ($x^2+y^2=r^2$)，$\mathrm{d}x\mathrm{d}y=r\mathrm{d}r\mathrm{d}\theta$，将围成 D 的所有曲线方程化成极坐标形式，将被积表达式化成极坐标形式；然后将二重积分化成极坐标系下的二次积分并逐次积分得结果.

$2°$ 若采用直角坐标系计算，则进而确定积分次序（以首次积分易积为首要原则，尽量少分块为第二原则确定积分次序），化成二次积分并逐次积分得结果.

典型题：2011—19，2012—20，2013—20，2014—19，2015—19

9. 求二阶常系数线性非齐次微分方程 $ay''+by'+cy=p_n(x)\mathrm{e}^{ax}$ 的通解

【解法要点】（1）写出对应齐次方程 $ay''+by'+cy=0$ 的特征方程 $ar^2+br+c=0$，并求出特征根 r_1,r_2，根据特征根写出其

通解 $\bar{y}$

(2) 设原方程的一个特解 $y^* = x^k q_n(x) e^{ax}$

y^* 设法:1° 指数函数部分 e^{ax} 照抄原方程右端的 e^{ax};

2° 多项式部分 $q_n(x)$ 与原方程右端的多项式 $p_n(x)$ 次数保持一致,系数用字母表示;

3° x^k 中 k 的取值法:将 e^{ax} 中的 a 和特征根 r_1, r_2 作比较:

a 不是特征根 —— 取 $k=0$

a 是单特征根 —— 取 $k=1$

a 是二重特征根 —— 取 $k=2$

设出 y^* 后,将 y^* 代入原方程,比较两端同类项的系数,求出 y^* 中的待定常数,即得 y^* 的具体表达式

(3) 原方程通解 $y = \bar{y} + y^*$

典型题:2011—20,2012—19,2013—19,2014—20,2015—20

三、证明题高频题型证法要点

1. 证明函数不等式

A 类:证明当 $a < x < b$ 时,$f(x) > \varphi(x)$

【证法要点】用函数的单调性证明. 对于专转本考试中所要证的此类函数不等式,可按下列步骤证明:

(1) 令 $F(x) = f(x) - \varphi(x)$,找出使 $F(x) = 0$ 的点(一般有 $F(a) = 0$ 或 $F(b) = 0$);

(2) 求出 $F'(x)$,并找出使 $F'(x) = 0$ 的点(一般有 $F'(a) = 0$ 或 $F'(b) = 0$);

(3) 求出 $F''(x)$,并判断 $F''(x)$ 当 $a < x < b$ 时的正负;

(4) 推理得不等式.

典型题:2012—23,2013—23,2014—22,2015—23

B 类:证明当 $a < x < b$ 时,$f(x) \geq \varphi(x)$

【证法要点】用最小值证明. 对于专转本考试中所要证的此

类不等式,可按下列步骤证明:

(1) 令 $F(x)=f(x)-\varphi(x)$(以下只需求出 $F(x)$ 在 (a,b) 内的最小值为 0 即得证);

(2) 令 $F'(x)=0$,求出 $F(x)$ 在 (a,b) 内的驻点 $x=x_0$;

(3) 验证当 $a<x<x_0$ 时,$F'(x)<0$,$F(x)$ 单调递减;当 $x_0<x<b$ 时,$F'(x)>0$,$F(x)$ 单调递增. 由上可知,$F(x)$ 在 $x=x_0$ 处取得最小值 $F(x_0)$($F(x_0)$ 必为 0),

从而当 $a<x<b$ 时,即 $f(x)-\varphi(x)\geqslant 0$ 得证.

典型题:2011—22

2. 证明方程 $f(x)=\varphi(x)$ 在区间 (a,b) 内有且仅有一个实根

【证法要点】利用零点定理和函数的单调性证明.

(1) 令 $F(x)=f(x)-\varphi(x)$,说明 $F(x)$ 在闭区间 $[a,b]$ 上连续,验证 $F(a)\cdot F(b)<0$,由零点定理可知,方程 $f(x)=\varphi(x)$ 在 (a,b) 内至少有一根;

(2) 求出 $F'(x)$,并判定 $F'(x)$ 在 (a,b) 内的正负,由此推知 $F(x)$ 在 (a,b) 内的单调性,从而可知方程 $f(x)=\varphi(x)$ 在 (a,b) 内至多只有一根;

(3) 综合(1)(2)可知,方程 $f(x)=\varphi(x)$ 在 (a,b) 内有且仅有一个实根.

典型题:2011—21,2014—21

3. 证明函数 $f(x)$ 在一点 $x=x_0$ 处的连续性和可导性

【证法要点】(1) 证 $f(x)$ 在点 $x=x_0$ 处连续性的方法:分别求出 $\lim\limits_{x\to x_0}f(x)$ 及 $f(x_0)$. 若 $\lim\limits_{x\to x_0}f(x)=f(x_0)$,则 $f(x)$ 在 $x=x_0$ 处连续.

(当必须分左右极限求 $\lim\limits_{x\to x_0}f(x)$ 时,先求出左右极限 $f(x_0-0)$ 和 $f(x_0+0)$,若 $f(x_0-0)=f(x_0+0)=f(x_0)$,则 $f(x)$ 在 $x=x_0$ 处连续)

(2) 证 $f(x)$ 在 $x=x_0$ 处可导性的方法:求极限 $f'(x_0)=\lim_{x\to x_0}\dfrac{f(x)-f(x_0)}{x-x_0}$. 若上述极限存在,则 $f(x)$ 在 $x=x_0$ 处可导,若上述极限不存在,则 $f(x)$ 在 $x=x_0$ 处不可导.

(当必须分左右极限求时,分别求出左右极限 $f'_-(x_0)=\lim_{x\to x_0^-}\dfrac{f(x)-f(x_0)}{x-x_0}$ 及 $f'_+(x_0)=\lim_{x\to x_0^+}\dfrac{f(x)-f(x_0)}{x-x_0}$,若 $f'_-(x_0)=f'_+(x_0)$,则 $f(x)$ 在 $x=x_0$ 处可导,若 $f'_-(x_0)\neq f'_+(x_0)$,则 $f(x)$ 在 $x=x_0$ 处不可导)

典型题:2012—24,2014—24(2)

4. 证明含有 ξ 的等式:证明至少存在一点 $\xi\in(a,b)$,使 $f(\xi)=\varphi(\xi)$

【证法要点】用零点定理证明.

(1) 令 $F(x)=f(x)-\varphi(x)$(所证式左减右,且将 ξ 改写成 x);

(2) 说明 $F(x)$ 在闭区间 $[a,b]$ 上连续,验证 $F(a)\cdot F(b)<0$;

(3) 由零点定理可知,至少存在一点 $\xi\in(a,b)$,使 $F(\xi)=0$,即 $f(\xi)=\varphi(\xi)$.

典型题:2008—23

5. 证明定积分等式

A 类:所证式两端的积分区间相同,但被积函数不同

【证法要点】(1) 将所证式右端的积分变量改写成 t(可在草稿上完成);

(2) 观察左右两端的被积函数,选取代换 $x=\varphi(t)$,使在此代换下,左端的被积函数可化成右端的被积函数;

(3) 对左端的积分作变量代换 $x=\varphi(t)$(注意:换元必须同时换限即得证).

【注】下列几种情形代换的选择:

$$f(\sin x) \xrightarrow{\diamondsuit x=\frac{\pi}{2}-t} f(\cos t)$$

$$f(\cos x) \xrightarrow{\diamondsuit x=\frac{\pi}{2}-t} f(\sin t)$$

$$f(\sin x) \xrightarrow{\diamondsuit x=\pi-t} f(\sin t)$$

典型题:同方冲刺班教材证明题部分例 3.7—1. 例 3.7—4.

B 类:所证式两端的积分区间不同,但两积分区间存在包含关系

【证法要点】(1) 拆分大区间上的积分为两个区间上的积分之和. 注意:拆出的其中一个区间必须和题中的小积分区间相同.

(2) 对拆分后的另一个区间上的积分作变量代换,选取代换 $x=\varphi(t)$,使在此代换下,另一积分区间统一为题中的小积分区间,至此题目即得证.

典型题:2013—24

四、综合题高频题型解法要点

1. 求平面图形 D 的面积及旋转体体积

【解法要点】A. 平面图形 D 的面积求法

解法 1(用定积计算)

(1) 在 xOy 平面上画出平面图形 D 的草图;

(2) 确定与所求平面图形有关的 x 的取值范围 $x \in [a,b]$;

(3) 所求平面图形 D 的面积 $S_D = \int_a^b [f(x)-\varphi(x)] \mathrm{d}x$,其中 $f(x)$ 是围成平面图形 D 的上方曲线方程 $y=f(x)$,$\varphi(x)$ 是围成平面图形 D 的下方曲线方程 $y=\varphi(x)$.

注意:当围成平面图形 D 的上方曲线或下方曲线在 (a,b) 内发生改变时,应分块计算.

解法 2(用二重积分计算)

(1) 在 xOy 平面上画出平面图形 D 的草图;

(2) 平面图形 D 的面积 $S_D = \iint\limits_{D} \mathrm{d}x\,\mathrm{d}y$.

B. 求平面图形 D 绕 x 轴旋转一周所形成的旋转体体积

【解法要点】(1) 在 xOy 平面上画出平面图形 D 的草图；

(2) 确定与所求旋转体体积有关的 x 的取值范围 $x \in [a,b]$；

(3) 所求旋转体体积 $V_x = \int_a^b \pi[f(x)]^2\,\mathrm{d}x$，其中 $f(x)$ 是 (a,b) 内任一点 x 处平面图形 D 的上方（或下方）曲线的纵坐标 y 的表达式.

注意：当平面图形 D 非全部紧贴 x 轴时，应打补丁（补丁打法：过平面图形 D 的左右两个端点分别作 x 轴的垂线）. 所求旋转体体积 $V_x = (D + $补丁$)$ 绕 x 轴旋转所成的旋转体体积减补丁绕 x 轴旋转所成的旋转体体积.

C. 求平面图形 D 绕 y 轴旋转一周所形成的旋转体体积

【解法要点】(1) 在 xOy 平面上画出平面图形 D 的草图；

(2) 确定与所求旋转体体积有关的 y 的取值范围 $y \in [c,d]$；

(3) 所求旋转体体积 $V_y = \int_c^d \pi[\varphi(y)]^2\,\mathrm{d}y$，其中 $\varphi(y)$ 是 (c,d) 内任一点处平面图形 D 的右方（或左方）曲线的横坐标 x 的表达式.

注意：当平面图形 D 非全部紧贴 y 轴时，应打补丁（补丁打法：过平面图形 D 的上下两端点作 y 轴的垂线）. 所求旋转体体积 $V_y = (D + $补丁$)$ 绕 y 轴旋转一周所成的旋转体体积减补丁绕 y 轴旋转一周所成的旋转体体积.

典型题：2011—24，2012—21，2013—21，2014—23，2015—21

2. 求函数 $y=f(x)$ 的单调区间、极值及在 $[a,b]$ 上的最值;求曲线 $y=f(x)$ 的凹凸区间、拐点

【解法要点】 参见一、选择题部分 8 及 9(本书第 17 页)

典型题:2012—22,2013—22,2015—22

3. 求解微分方程的几何应用问题

解题依据:导数的几何意义,即曲线 $y=f(x)$ 上任一点 (x,y) 处的切线斜率为 $f'(x)$.

【解法要点】(1)若题目涉及曲线 $y=f(x)$ 上任一点 $P(x,y)$ 处的切线斜率,则利用任一点处曲线切线斜率为 $f'(x)$ 解题;

(2)若题目涉及曲线 $y=f(x)$ 上任一点 $P(x,y)$ 处的切线方程,则利用曲线 $y=f(x)$ 上任一点处的切线方程为 $Y-f(x)=f'(x)(X-x)$ 解题.

典型题:(1)(2006—22)已知曲线 $y=f(x)$ 过原点且曲线在点 (x,y) 处的切线斜率等于 $2x+y$,求此曲线方程[答案:$y=2e^x-2(x+1)$]

(2)同方冲刺班教材例 4.8—3

4. 对题目已知条件中出现的积分方程(方程中含有积分上限函数)的处理方法

当题目已知条件中含有积分方程时,该方程两边求导即得微分方程,解此微分方程即可求得函数 $f(x)$ 的表达式. 注意:积分方程两边求导后所得微分方程的初始条件已含于积分方程中,在积分方程中取 x 的值,使积分方程中的积分上下限相同,即可求得微分方程所满足的初始条件.

典型题:2012—22,2013—21,2014—24

附录：一些重要概念的数学表达形式

重要概念	数学表达形式
1. 极限 $\lim\limits_{x \to x_0} f(x) = A$ 存在的充分必要条件	$f(x_0 - 0) = f(x_0 + 0) = A$
2. 函数 $f(x)$ 在点 $x = x_0$ 处连续	$\lim\limits_{x \to x_0} f(x) = f(x_0)$ $[f(x_0 - 0) = f(x_0 + 0) = f(x_0)]$
3. 函数 $f(x)$ 在点 $x = x_0$ 处可导	极限 $\lim\limits_{x \to x_0} \dfrac{f(x) - f(x_0)}{x - x_0}$ 存在或 $[f'_-(x_0) = f'_+(x_0)]$
4. 可导函数 $f(x)$ 在点 $x = x_0$ 处取得极值	$f'(x_0) = 0$
5. 二阶可导函数 $y = f(x)$ 图形的拐点为 (a, b)	$\begin{cases} f''(a) = 0 \\ f(a) = b \end{cases}$
6. $F(x)$ 是 $f(x)$ 的一个原函数	$\begin{cases} f(x) = F'(x) \\ \int f(x) \mathrm{d}x = F(x) + C \end{cases}$
7. 不定积分与导数的关系	$\begin{cases} \left[\int f[\varphi(x)] \mathrm{d}x\right]' = f[\varphi(x)] \\ \int f'[\varphi(x)] \mathrm{d}\varphi(x) = f[\varphi(x)] + C \end{cases}$
8. 两向量垂直的充分必要条件	若 $\boldsymbol{a} \perp \boldsymbol{b}$，则必有 $\boldsymbol{a} \cdot \boldsymbol{b} = 0$